职业教育"十三五"规划教材

信息化数字资源配套教材

注塑模具设计

王爱阳　主编　　贾铁钢　主审

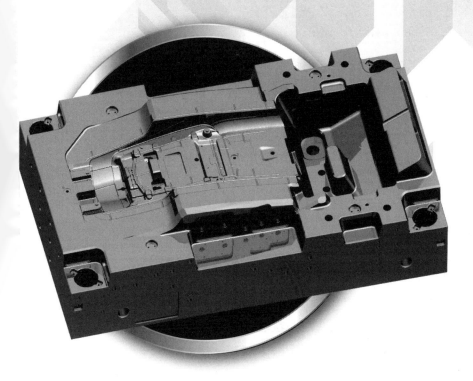

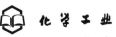
化学工业出版社

·北京·

内 容 提 要

本书以注塑模具设计的工作过程为导向,按照从事塑料模具设计岗位所需要的知识、能力选取教材素材,内容紧密结合企业生产,选用企业真实的典型案例介绍相关知识。书中按照模具设计员完成具体工作任务的工作过程来编排内容,主要涵盖四大项目,共十三个任务:项目一为前期概念设计,包括四个任务,主要是对塑料产品进行工艺性分析,以初步拟定模具的总体结构,包括产品原料分析、产品使用分析和产品进浇成型工艺分析、产品形状分析等;项目二为模具结构设计,从任务五到任务十二共八个任务,完成注塑模具成型部件和结构部件等八大机构的设计;项目三为输出设计,为任务十三,完成模具工程图绘制和模具物料清单的制订。项目四是设计说明书的编写说明,并附有案例展示和题库,方便学习者参考和进行自主练习。为方便教学,本书配套电子课件。

本书可作为高职高专院校、应用型本科院校、中等职业学校的机械专业、模具专业学生的教材使用;也可供模具行业相关的工程技术人员和对模具知识有自学要求的人员作为参考书使用。

图书在版编目(CIP)数据

注塑模具设计/王爱阳主编. —北京:化学工业出版社,2020.7

职业教育"十三五"规划教材. 信息化数字资源配套教材

ISBN 978-7-122-36658-0

Ⅰ.①注… Ⅱ.①王… Ⅲ.①注塑-塑料模具-设计-职业教育-教材 Ⅳ.①TQ320.66

中国版本图书馆 CIP 数据核字(2020)第 077292 号

责任编辑:韩庆利	文字编辑:张绪瑞
责任校对:王 静	装帧设计:张 辉

出版发行:化学工业出版社 (北京市东城区青年湖南街 13 号 邮政编码 100011)
印 装:三河市延风印装有限公司
787mm×1092mm 1/16 印张14¼ 字数350千字 2020 年 9 月北京第 1 版第 1 次印刷

购书咨询:010-64518888   售后服务:010-64518899
网 址:http://www.cip.com.cn

凡购买本书,如有缺损质量问题,本社销售中心负责调换。

定 价:48.00元

前言

　　本书是根据《国家职业教育改革实施方案》的要求，以职业技能的培养为主要目的，围绕培养高素质、高技能型人才的培养目标改革课程体系而编写的，本着实用的原则，力求更好地服务于专业、服务于岗位，与工作岗位近距离接触，达到模具设计师职业标准所要求的知识技能。

　　本书具有以下特色。

　　1. 由于近几年三维设计软件在模具设计中已经普及使用，模具设计的实际工作流程已经与传统模具设计流程不同，本书的章节顺序按照三维设计的流程安排，与当前的企业生产紧密接轨。

　　2. 以往的教学强调以老师为主体，由老师把课程基础知识传授给学生，教材的内容完全是理论知识，学生自主学习困难，缺乏主动性。本书属于数字化教材，所有任务都配有微课资源，利用典型案例的微课资源，通过二维码扫描链接，可以反复仔细观看，极大地方便了读者自学、复习与预习。另外全书所有任务都贯穿同一案例，可使读者得到完整的模具设计全程指导。

　　3. 每个项目任务，都配有任务具体实施的指导，结合思考和练习，使读者对每一设计环节的相关知识能够达到自测的目的，因此本书是教、学、考一体化的三维教材。

　　本书可作为职业院校、应用型本科院校机械专业、模具专业学生的教材使用；也可供模具行业相关的工程技术人员和对模具知识有自学要求的人员作为参考书使用。

　　本书由大连职业技术学院王爱阳主编（编写绪论、项目一、项目二、项目四、附录），大连职业技术学院梁天宇参编（编写项目三），大连职业技术学院贾铁钢担任主审。

　　本书在编写过程中，得到了企业专家和学校同仁的大力支持和鼓励、帮助，在此表示衷心的感谢！由于编者水平所限，不妥之处在所难免，敬请广大读者和专家批评指正。

编　者

目录

项目三　输出设计 / 154

项目四　设计说明书编写 / 168

附录 / 214

参考文献 / 219

绪论

由于塑料具有超凡的优良性能，塑料制品已经广泛地应用于家用电器、汽车工业、建筑器材、日用五金等产品，很多行业产品都是"以塑代木、以塑代钢"。

0.1 塑料模塑成型概述

把塑料原料加工成具有一定形状和尺寸精度要求的塑料制品的过程称为塑料成型。完整的塑料制品生产过程还包括原料预处理（预压、预热、干燥等）、后处理（调湿、退火等）、后续加工（机械加工、修饰、装配等）。塑料制品成型的工艺方法很多，其中利用塑料模具成型，称为模塑成型。模塑成型的塑料制品数量占全部塑料制品加工数量的90%以上。

（1）塑料模塑成型方法

表0-1列出了几种常见的模塑成型方法。

表0-1 常见的模塑成型方法

序号	模塑成型方法	成型设备	成型模具	主要成型的塑料产品
1	注射成型（如图0-1所示）	注射机	注塑模具（也称注射模具）	形状复杂不规则的制品，如电脑、电视外壳，汽车保险杠、仪表盘等
2	挤出成型（如图0-2所示）	挤出机	挤出模具	截面形状固定、长度可无限长的型材，如塑料管、棒、板、薄膜、异型材等
3	压制成型	液压机	压缩模具、压注模具	热固性塑料产品，如电器外壳、开关等
4	气动成型	中空成型机	中空吹塑模具	口小肚大的中空类制品，如瓶子、中空玩具等
		真空成型机	真空成型模具	口大肚小的容器类制品，如碗、口杯、包装外壳等

模塑成型的三大重要因素是高效率的设备，正确的加工工艺，先进的模具。其中塑料模具对保证塑料制品的形状、尺寸、公差起着极其重要的作用，产品的生产和更新都是以模具更新为前提的。随着塑料模具市场的发展，塑料新材料及多样化成型方式必然会不断发展，对模具的要求也一定会越来越高。

（2）塑料模具品种、结构、性能、加工方面的发展趋势

为了满足市场的需要，未来的塑料模具无论是品种、结构、性能还是加工都必将会有较快发展，而且这种发展必须跟上时代步伐。展望未来，下列几方面发展趋势预计会在行业中得到较快应用和推广。

① 超大型、超精密、长寿命、高效模具将得到发展。

加料→塑化→加压注射→保压→倒流阶段→冷却定型阶段→脱模

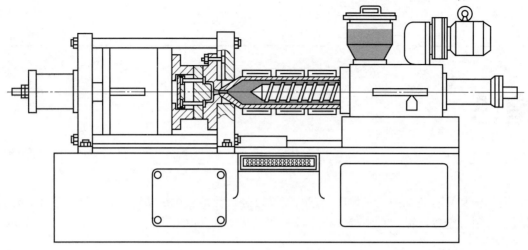

图 0-1　注射成型工艺过程

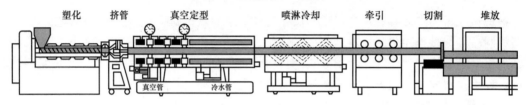

图 0-2　挤出成型工艺过程

② 多样材质、多种颜色、多层多腔、多种成型方法一体化的模具将得到发展。

③ 各种快速经济模具将得到快速发展。如超塑性材料制作模具；环氧、聚酯增强物制作简易模具；快换模架、快换冲头、快速换模装置、快速试模装置；水泥塑料制作汽车覆盖件模具；中、低熔点合金模具，喷涂成型模具，电铸模，精铸模，层叠模，陶瓷吸塑模及光造型；使用热硬化橡胶快速制造低成本模具等。

④ 制件设计—模具设计—模具制造并行化，即 RE/CAD/CAM/CAE 技术。常见的RE/CAD/CAM/CAE 软件如下。

RE 四大逆向软件：Surface（后改名为 Imageware，为 EDS 的主要产品）、CopyCAD（英国 Delcam 公司）、Geomagic（美国 Raindrop 雨滴公司）及 Rapid Form（韩国 INUS 公司），还有 Polyworks（结合非接触扫描仪等，用于高精度机械目标如人脸等扫描云点）、ICEM 等。

CAD：AutoCAD、CAXA、Pro/E、UG、CADDS、I-DEAS 及 CAITA（作汽车相关产品）等。

CAM：MasterCAM、Cimatron（以色列 QUICK NC）、DelCAM 等。

CAE：主要应用于新型、大型和精密模具的优化、仿真，还包括其他一些有限元模拟分析。澳大利亚的 Moldflow 公司在 1978 年推出的基于有限差分方法的一维商品化流动分析软件 MF1.0，以及美国 AC＿Tech 公司在 1986 年推出的基于有限元方法的二维商品化流动分析软件 C＿Flow1.0 是这一阶段注射模软件发展的两个里程碑。在随后的 10 年里，MF 和 C＿Flow 软件不断得以改进和完善，现已形成包括流动模拟、保压分析、冷却分析、内应力分析、分子定向和翘曲变形预测等系列分析软件，在国内外模具界享有盛誉。商品化的注塑模 CAD/CAE 软件及其包含的流动模拟模块如表 0-2 所示。

表 0-2　注塑模 CAD/CAE 软件及其包含的流动模拟模块

软件名称	所含流动模拟模块名称	研制公司
Moldflow	FLOW	澳大利亚 Moldflow PTY. LTD.
C-Mold	C-FLOW	美国 AC-Tech 公司（已为 Moldflow 兼并）
I-DEAS	含流动分析部分	美国 SDRC 公司
UG-Ⅱ	含流动分析部分	美国 MD 公司
CADDS	含流动分析部分	美国 CV 公司
CADMOULD	含流动分析部分	德国 IKV 研究所
华塑-Mold	流动分析模块	华中科技大学
Z-mold	FLOW	郑州大学

⑤ 更加高速、更加高精度、更加智能化的各种模具加工设备将进一步得到发展和推广应用。

⑥ 更高性能及满足特殊用途的模具新材料将会不断发展，随之而来也会产生一些特殊的和更为先进的加工方法。

0.2　课程对应的主要岗位及职能

我国模具人才，特别是高技能、高水平人才全行业缺乏。而塑料模具占的比例最大，市场广阔，就业前景和职业空间很大。本课程与模具行业最相关的两大职业岗位如下。

（1）模具工

主要从事注塑模具加工、装配、调试及维修的人员，分中级、高级、技师、高级技师四级。

（2）注塑模具设计师

从事企业模具的数字化设计，主要为注塑模设计，在传统模具设计基础上，充分应用数字化设计工具，提高模具设计质量，缩短模具设计周期的人员，分一、二、三级模具设计师。

本教材以注塑模具设计师的工作任务来组织教学内容，突出培养这个岗位的职业能力。

塑料注塑模具典型的设计流程见图 0-3。

注塑模具设计师的主要工作任务包括以下几项。

① 取得必要的资料和数据

a. 塑件零件图（样品或模型），应标有尺寸和尺寸公差、形位误差、表面粗糙度、技术条件。

b. 塑件的生产批量。

c. 塑料品种。

d. 塑料制品生产车间的设备条件（注射机型号和规格）。

e. 模具制造能力和设备条件。

f. 用户要求，如对自动化运转的要求和对模具型腔数目的要求等。

② 分析塑件的工艺性和技术要求

a. 通过塑件零件图或样品、模型了解塑件的形状特征，使用要求。

b. 分析塑料的成型性能，如流动性、收缩率、溢边值等。

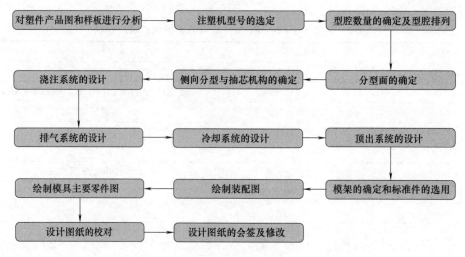

图 0-3　塑料注塑模具典型的设计流程

c. 分析塑件的尺寸大小、尺寸精度、表面粗糙度和透明度等。

d. 对不合理的结构和要求提出修改意见，并与用户商讨修改，使制品设计、模具设计和模具制造三者更好结合，取得较完善的效果。

③ 选择成型设备

a. 根据制件的形状和尺寸，估算出一个塑件的体积和质量。

b. 根据生产批量和制件尺寸及精度确定型腔数目。

c. 加上浇注系统冷凝料的体积或质量，计算出一次注射所需塑料的体积或质量，初选出成型设备的容量大小。

④ 确定模具结构方案

a. 合理确定分型面的位置。

b. 采用多型腔模时，对型腔进行合理布置。

c. 确定浇注系统的形式。

d. 确定浇口位置。

e. 当制品上有侧孔、侧凹等形状时，确定侧孔、侧凹的成型方法。

f. 确定脱模形式，包括浇注系统冷凝料的脱出方式。

g. 确定拉料杆的形式。

h. 确定温度调节系统、型腔和型芯的固定方法、排气形式、导向形式、复位机构形式，并考虑模具加工制造方法等问题。

⑤ 绘制模具结构草图。

⑥ 进行模具设计计算

a. 根据塑件的尺寸和公差，对模具成型零件的相应工作尺寸进行计算。

b. 对某些主要受力零件根据需要进行强度或刚度校核。

c. 进行冷却系统设计计算。

⑦ 绘制模具装配图

a. 表示出模具整体结构。

b. 标出的尺寸包括外形尺寸、特征尺寸、配合尺寸、装配尺寸，附有技术条件和使用说明、零件明细表。

 c. 在图样右上角还应附有该模具所加工成型的塑件图。

 ⑧ 绘制模具非标准零件图

 a. 主要为凸模、型芯、凹模等成型零部件。

 b. 零件图上应标注出必要的尺寸和制造偏差、表面粗糙度、形位公差，注明零件材料、热处理及表面处理要求和必要的技术条件等。

 ⑨ 经全面审核后投入制造。

0.3　课程内容安排及学习目标

 （1）课程内容安排

 本教材的主要知识内容是通过电器下盖注塑模设计这个贯穿案例展开的。

塑料模具
设计流程

 模具设计（客户）资料如下。

 ① 塑件名称：电器下盖，其塑件二维图如图 0-4 所示。

 ② 成型方法和设备：以厂家或实训室现有注射机为选择注射机的依据。

 ③ 塑件材料：ABS。

 ④ 收缩率：0.5%。

 ⑤ 技术要求：表面光洁无毛刺、无缩痕，浇口不允许设在产品外表面。

 ⑥ 模具布局：一模 2 腔，左右平衡布置。

 ⑦ 原始数据：参阅制件二维工程图及三维数据模型。

 ⑧ 其他：模具设计应优先

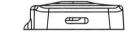

图 0-4　电器下盖塑件二维图

选用标准模架及相关标准件；在保证塑件质量和生产效率的前提条件下，兼顾模具的制造工艺性及制造成本、使用寿命和修理维护方便。

 （2）学习目标

 通过学习，应达到以下目的。

 ① 了解塑料的组成、分类及其成型特性与成型机理，具有分析、选择塑料原料的能力。

 ② 能够分析塑料件的结构工艺性，确定分型面、型腔数、浇口位置等，具有确定模具主要成型零件的能力。

 ③ 掌握各类塑料成型模具的结构特点及设计要求，能够合理选用标准件，能设计中等复杂程度的模具。

 ④ 掌握注射机的选用与校核的方法。

 ⑤ 具有对国内外的新技术、新工艺自主学习的能力。

项目一
前期概念设计

■ **教学案例展示**

产品工艺性分析

电器下盖的产品工艺性分析。

电器下盖的三维模型图如图 1-1 所示。

任务一 确定塑件的成型工艺方法

 能力目标

能达到根据塑件的特点确定成型工艺方法的目的。

具有编制成型工艺卡片的能力。

 知识目标

掌握注塑成型原理及工艺过程。

掌握注塑成型的主要工艺参数含义及控制范围。

 任务导入

如图 1-1 所示的电器下盖这个塑料制件是采用怎样的成型工艺方法生产出来的？

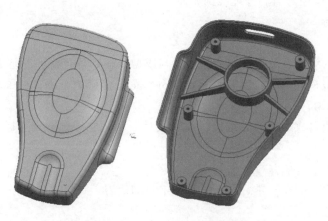

图 1-1 电器下盖的三维模型图

■ **相关知识**

1.1 注塑成型加工原理及完整过程

注塑成型的加工原理是，将固态塑料塑化成熔融状态，在注射机注射压力作用下注入模具型腔，经保压、冷却定型后，开模顶出塑料制品。如图 0-1 所示。

注塑成型主要生产形状较复杂的塑料制品，如电视机壳、水杯、玩具等。

完整的注塑成型工艺过程包括成型前的准备，注射过程，塑料件的后处理。

注塑成型工艺

（1）成型前的准备

① 原料的检验。测定密度、流动性、水分及挥发物含量、收缩率等。

② 原料的染色造粒和干燥。易吸湿的塑料容易产生斑纹、气泡、降解等缺陷，应进行充分的预热和干燥，可利用烘箱、热板、红外线、高频等进行干燥。

③ 嵌件预热。

④ 料筒清理。生产中需要改变产品、更换原料、调换颜色或发现塑料中有分解现象时要进行料筒清理。

⑤ 模具清理。对塑件脱模困难的还要涂脱模剂。

（2）注射过程

包括加料、塑化、注射、保压、冷却、脱模几个步骤。

① 加料。将颗粒或粉状塑料加入注射机的料斗中。注射成型是一个间歇过程，需要定量（定容）加料。加料过多、受热时间过长等易引起物料热降解，同时注射机消耗功率多；加料少，难于补塑，容易引起塑件出现收缩、凹陷、空洞等缺陷。

② 塑化。加入的塑料在料筒中进行加热，由固态颗粒转换成黏流态并具有良好的可塑性的过程称为塑化。塑化好的料，既要满足充模完整的流动温度要求，又要熔体各处均匀，还要保证足够的料量充满型腔，保证生产过程的持续进行。

③ 注射。也称充模，是塑料熔体被柱塞或螺杆推动，经喷嘴及模具浇注系统进入并填满型腔的过程。型腔内的压力由零增加到注满型腔的最大值。

④ 保压。从熔体充满型腔后，到浇口冻结时止。在注射机螺杆推动下，熔体依然保持压力注射，使料筒中的熔料继续进入型腔中，以补充塑料冷却收缩需要，保压补缩阶段可以提高塑件密度，减少塑件由收缩造成的表面缺陷。

⑤ 冷却。从浇口冻结到模具开模止。冷却速率和冷却时间控制要恰当，使脱模时残余压力为零，以保证产品脱模容易和成型质量高。

⑥ 脱模。注射机顶杆带动模具的推出机构，推出塑件。

（3）塑料件的后处理

① 退火。放在一定温度的红外线或循环热风烘箱、液体介质中（矿物油，石蜡）一段时间，再缓慢冷却。退火的温度：高于使用温度 $10\sim20℃$，低于相变温度 $10\sim20℃$。

② 调湿。将刚从模具中脱出的塑件放在热水中（$100\sim120℃$），隔绝空气，进行防氧化处理，达到吸湿平衡。调湿后缓冷至室温。

1.2 注塑成型的熔体流动行为

塑料在加工过程中，在一定温度和压力的作用下能流动成型，这是由于塑料的主要组成成分是高分子有机聚合物。

1.2.1　高分子聚合物的结构特点

高分子聚合物的相对分子量一般都大于 10^4，高分子聚合物基本是由低分子化合物的单体经过聚合反应形成。比如，聚乙烯分子式为 $\left(CH_2-CH_2\right)_{\overline{n}}$。其中 $CH_2=CH_2$ 即为聚乙烯的单元体。n 为结构单元的个数，称为聚合度。聚合度越大，高分子聚合物的相对分子量越高。但是同一聚合物内的分子量不是单一的，各个大分子的相对分子量因聚合度的不同而有差异，这种现象称为聚合物相对分子量的多分散性。

高分子聚合物基本属于长链状结构，聚合物分子的链结构不同，其性质也不同。线型聚合物的分子链呈不规则的线状且聚合物大分子是由一根根分子链组成的，如图 1-2（a）所示，也包括带有支链的线型聚合物，如图 1-2（b）所示，其物理特性是具有弹性和塑性，在适当的溶剂中可溶胀或溶解。随温度的不断升高，聚合物微观表现为分子链逐渐由链段运动乃至整个分子链的运动，宏观表现为聚合物逐渐开始软化乃至熔化而流动。

体型聚合物的大分子链之间形成立体网状结构，它具有脆性，弹性较高，塑性较低，成型前是可溶可熔的，一旦成型固化后就成为既不溶解也不熔融的固体，如图 1-2（c）所示。

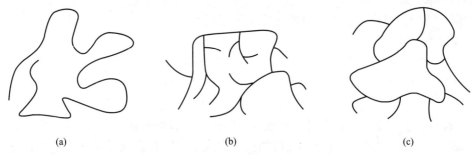

(a)　　　　　　　　　(b)　　　　　　　　　(c)

图 1-2　聚合物大分子链结构示意

1.2.2　聚合物的热力学性能

聚合物的物理、力学性能与温度密切相关，对于同一种聚合物，如果所处的温度不同，分子热运动状况就不同，材料所表现出的宏观物理性质也大不相同。

固体聚合物可划分为结晶态聚合物和非晶态聚合物。取一块非晶态（无定形）聚合物，对它施加一个恒定应力，可发现试样的形变和温度的关系，如图 1-3 所示。这种描述高聚物在恒定应力作用下形变随温度改变而变化的关系曲线称为热力学曲线。由图中可以看出，非晶态高聚物按温度区域不同可呈现为三种力学状态：玻璃态、高弹态和黏流态。随温度变化出现的这三种力学状态，是高聚物分子内部处于不同运动状态的宏观表现。

玻璃态和高弹态之间的转变称为玻璃化转变，对应的转变温度即玻璃化温度，通常用 θ_g 表示。聚合物处于玻璃态时硬而不脆，可做结构件使用，但使用温度是有要求的，不能太低，通常有一个温度极限 θ_b，这个温度称脆化温度，它是塑料使用的下限温度。高弹态与黏流态之间的转变温度称黏流温度，用 θ_f 表示。但当温度继续上升，超过某一温度极限 θ_d 时，聚合物就不能保证其尺寸的稳定性和使用性能，通常将 θ_d 称为热分解温度。

当温度在 $\theta_b \sim \theta_g$ 之间时，为玻璃态。塑料呈现刚性固体状，受力后形变很小，而且是可逆的，弹性模量较高，大部分塑料材料常温使用时为这种状态。

当 $\theta > \theta_g$ 时，高聚物进入高弹态，高聚物呈现柔软的弹性状。在高弹态下，高聚物受到外力时，例如受到拉伸力时，分子链可以从卷曲状态变到伸展状态，除去外力，分子链弹性回缩，形变量可以恢复，弹性是可逆的。大部分塑料材料加热到一定程度时为这种状态，而某些热塑性弹性体常温时为这种状态，如橡胶。

继续升高温度，$\theta > \theta_f$ 时，分子热运动能量进一步增大，至能解开分子链间的缠结而发生整个大分子的滑移，在外力作用下便发生黏性流动。这种流动同低分子流动相类似，是不可逆形变，当外力除去后形变再不能自发恢复。大部分塑料材料成型加工时为这种状态。

$\theta < \theta_b$ 时，塑料件受力会发生断裂，使塑料失去使用价值。大部分塑料材料在零下几十摄氏度时会脆化易碎。

继续升高温度，$\theta > \theta_d$ 时，高分子主链发生断裂，这种现象称为降解（成型的产品表面有碳化点、线或整体变黑，产品性能变差）。

不同状态下塑料的物理性能与加工工艺性见表 1-1。

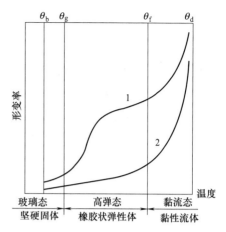

图 1-3　聚合物热力学曲线

1—线型无定形聚合物；2—线型结晶态聚合物

表 1-1　不同状态下塑料的物理性能与加工工艺性

状态	玻璃态	高弹态	黏流态
分子状态	分子纠缠为无规则线团或卷曲状	分子链展开，链段运动	高分子链运动，彼此滑移
工艺状态	坚硬的固态	高弹性固体，橡胶状	塑性状态或高黏滞状态
加工可能性	可作为结构材料进行锉、锯、钻、车、铣等机械加工	弯曲、吹塑、引伸、真空成型、冲压等，成型后会产生较大的内应力	可注射、挤出、压延、模压等，成型后应力小

1.2.3　聚合物的流动性质

注射成型中，聚合物的成型是依靠聚合物自身的变形和流动实现的，故有必要了解聚合物加工时的流动状态，以便正确地选择和确定合理的成型工艺条件，设计合理的注射成型浇注系统和模具结构。

（1）切应力或剪切速率对聚合物熔体黏度的影响

聚合物在成型过程中的流动状态主要指熔体的剪切黏度随切应力或剪切速率改变而产生的变化。

由于大分子的长链结构和缠结，聚合物熔体的流动行为远比低分子液体复杂。在剪切速率范围内，这类液体流动时，切应力和剪切速率不再呈正比关系，熔体的黏度也不再是一个常数，因而聚合物熔体的流变行为不服从牛顿流动规律，为非牛顿流体。

在注射成型中，只有少数聚合物熔体的黏度对剪切速率不敏感，如聚酰胺、聚碳酸酯等，除经常把它们近似视为牛顿流体外，其他绝大多数的聚合物熔体都表现为非牛顿流体。由于非牛顿流体的流动规律比较复杂，塑料成型过程中的表观黏度除与分子结构以及温度有关以外，还受到剪切速率的影响，这就意味着外力的大小及其作用时间也能够改变流体的黏稠性。

非牛顿流体又主要分假塑性流体和膨胀性流体，不同流体的剪切速率/切应力与表观黏

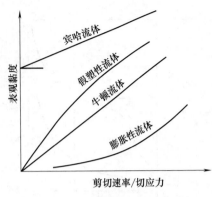

图 1-4 不同流体的流动曲线

度的关系如图 1-4 所示。通常，在注射成型中，聚合物熔体发生剪切稀化效应是一个普遍现象，这是因为大多数热塑性聚合物都具有近似假塑性流体的流变学性质。

注射成型中近似具有假塑性流体性质的高聚物有聚乙烯（PE）、聚氯乙烯（PVC）、聚甲基丙烯酸甲酯（PMMA）、聚丙烯（PP）、ABS、聚苯乙烯（PS）、热塑性弹性体等。

由图 1-4 可以看出，聚合物熔体黏度对剪切速率具有依赖性，且剪切速率的增大可导致熔体黏度的降低。一般来说，对于假塑性流体，当流体处于中等剪切速率区域时，流体形变和流动所需的切应力随剪切速率而变化，并呈指数规律增大；流体的表观黏度也随剪切速率而变化，呈指数规律减小。这种现象称为假塑性流体的"剪切稀化"。这是因为，聚合物具有大分子结构，当熔体进行假塑性流动时，剪切速率的增大，使熔体所受的切应力加大，宏观上体现为表观黏度相对降低。注射成型中，多数聚合物的表观黏度对熔体内部的剪切速率具有敏感性，对于这些聚合物，可以通过调整剪切速率来控制聚合物的熔体黏度。

（2）温度对聚合物熔体黏度的影响

聚合物大分子的热运动有赖于温度，因此与分子热运动有关的熔体流动必然与温度有关系。

在聚合物注射成型过程中，温度对熔体黏度的影响与剪切速率同等重要。一般而言，温度升高，大分子间的自由空间随之增大，分子间作用力减小，分子运动变得容易，从而有利于大分子的流动与形变，宏观上表现为聚合物熔体的表观黏度下降，故在注塑成型过程中常常利用提高温度来降低黏度，提高流动性。但这种利用温度的提高来改善流动性的方法是有条件的，不是任何情况都可使用，主要适用于那些聚合物的黏度对剪切速率不是很敏感或其熔体流动服从牛顿流动规律的流体。

在注射成型过程中，确定成型工艺条件时，必须根据聚合物的结构性质，选取最佳的注射温度、注射压力、注射速度等，模具结构的设计也应考虑聚合物本身的特点，从而保证产品的成型质量。

1.3 注塑成型的工艺条件

各种塑料的注射成型工艺参数不同，见表 1-2。

（1）温度

① 料筒温度：在 $\theta_f \sim \theta_d$ 之间，保证塑料熔体正常流动，不发生变质分解；料筒后端温度最低，喷嘴前端温度最高；当范围窄时，料筒温度取偏低值。

② 喷嘴温度：略低于料筒最高温度，防止熔料在喷嘴处产生"流涎"现象；但温度也不能太低，否则易堵塞喷嘴。

③ 模具温度：熔融黏度低的塑料成型一般模温比较低；温度过高，成型周期长，脱模后翘曲变形，影响尺寸精度；温度太低，塑件会产生较大内应力，开裂，表面质量下降；对结晶塑料，通过控制模温，可以控制结晶度。

表 1-2　塑料的注射成型工艺参数

工艺参数	塑料名称		HDPE	PP	玻纤增强 PP	HIPS	ABS	PA100
干燥条件	温度/℃		—	—	—	—	70~80	90~100
	时间/h		—	—	—	—	4~8	6~8
温度/℃	料筒	后	140~160	160~180	160~180	140~160	150~170	190~210
		中	180~190	180~200	210~220	170~190	165~180	200~220
		前	190~220	200~230	210~220	170~190	180~200	210~230
	喷嘴		170~190	180~190	180~190	160~170	170~180	200~210
	模具		30~60	20~60	70~90	20~50	40~70	20~80
注射压力/MPa			70~100	70~100	90~130	60~100	80~100	80~100
成型周期	注射时间	注射保压	15~60	20~60	60~90	15~40	20~90	20~90
		高压	0~5	0~3	2~5	0~3	0~5	0~5
		冷却时间	15~50	20~90	15~40	15~40	20~120	20~120
螺杆转速/(r/min)			30~60	<80	30~60	30~60	<70	28~45
热处理	温度/℃		—	—	—			90
	时间/h		—	—	—			2~16

（2）压力

① 塑化压力：又称背压（螺杆头部熔体在螺杆转动后退时所受到的压力），由液压系统溢流阀调整大小。

② 注射压力：柱塞或螺杆头部对塑料熔体施加的压力。注射压力的大小一般为 40~130MPa，它的作用是克服熔体的流动阻力，保证一定的充模速率。注射压力与塑料品种、注射机类型、模具浇注系统结构尺寸、塑件壁厚流程大小等因素有关。

③ 保压力：保压力小于或等于注射压力，保压力大可使成型收缩率减小，尺寸稳定性增加，但可能会造成残余应力过大，不易脱模。

④ 锁模力：锁模力要大于涨模力。

（3）时间

成型周期或总周期：完成一次注射模塑过程所需的时间，如图 1-5 所示。

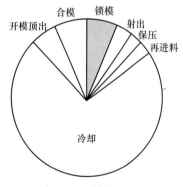

图 1-5　注射成型周期

任务实施

（1）分析塑件成型工艺方法

由于电器下盖的结构较复杂，可以采用注塑模具进行注塑成型。

（2）编制成型工艺卡片

见表 1-3。

表 1-3　电器下盖成型工艺卡片

模具试模成型工艺卡片											
机号	1	设备品牌	HMW 2680-F5		填表人			填表日期			
模具编号	ZP2 ASSM-SO.5-A	产品名称	电器下盖		材料名称		ABS	材料型号		HI-121	
周期/s		射胶/s			冷却/s			参数产能(12h)			
30		3			20			2400			
前模运水：　　用　　　√不用					前模油温(65℃)　　后模油温(65℃)						
后模运水：　　用　　　√不用					烘料温度(80℃)　　烘料时间(3h)						
温度/℃	一段	二段	三段	四段	五段	射胶		压力/bar	速度比/%	位置/mm	时间/s
	200	200	180	160	0		一次	70	50	55.5	0
锁模		压力/bar	速度比/%	位置/mm			二次	35	15	0	0
	锁模	140	99	20			三次				
	低压	140	99	45		保压	一次	99	99	0	
	高压	140	99	80			二次	15	10	0	

注：$1bar = 10^5 Pa$。

■ 总结与思考

1. 完整的注射成型工艺过程包括哪几个阶段？
2. 注射成型过程包括哪几个阶段？
3. 注射成型过程中应控制哪些温度？
4. 注射成型过程中应控制哪些压力？

任务二　塑料的选用与分析

能力目标

学生能够根据塑料产品的用途、特点，确定塑件材料，并通过分析使用性能和成型工艺性能来设计模具的结构及尺寸等。

知识目标

掌握塑料的组成、分类、常用品种的使用性能和成型工艺性能。

任务导入

分析塑料材料的性能是模具设计人员一项重要的工作，可以从成型的角度分析材料的加工性，再结合使用要求，考虑到原材料的成本等方面确定合理的塑件材料。

贯穿案例电器下盖的材料是什么？它的使用性能和成型工艺性能如何？

■ 相关知识

2.1　初识塑料

2.1.1　塑料的组成

塑料是以树脂为主要成分，以增塑剂、填充剂、润滑剂、着色剂等各种添加剂为辅助成分组成的（特殊的如硝基纤维在加工过程中用单体直接聚合）。按塑料中组成成分的不同塑料分以下两类。

① 简单组分塑料：以树脂为主要成分，不加或加入少量助剂。如微波炉用食品盒、食品包装膜的成分就是主要以树脂为主，只有防老化剂等很少助剂。

② 多组分塑料：除树脂外，还需要加入较多其他的一些助剂。异型材窗框、电线、防滑垫等是以树脂为主要成分，另外需要添加很多助剂。添加助剂，可提高制品的综合力学性能和降低成本。

（1）树脂

树脂赋予了塑料流动性和可塑性。

树脂是指受热时通常有转化或熔融范围，转化时受外力作用具有流动性，常温下呈固态或半固态或液态的有机高分子聚合物，它是塑料最基本的，也是最重要的成分。它联系或胶黏着塑料中的其他组成部分，直接决定塑料的类型和性能（物理、化学、力学性能等）。

塑料是以树脂的名称命名的，如树脂是聚乙烯树脂，塑料就叫聚乙烯塑料。

树脂按其来源可分为天然树脂和合成树脂。

天然树脂是指由自然界中动植物分泌物所得的无定形有机物质，如松香、琥珀、虫胶等。产量较差，性能有限，在实际生产中较少使用。

合成树脂是指由简单有机物（主要来自石油）经化学合成或某些天然产物经化学反应而得到的树脂产物。成本低，可大规模生产。如：

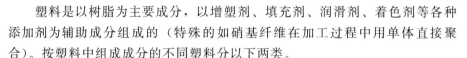

$$n\mathrm{CH_2}\!=\!\mathrm{CH_2} \longrightarrow \!\!\!\!-\!\!\!(\mathrm{CH_2}\!-\!\mathrm{CH_2})\!\!\overline{)}_n$$

乙烯单体　　　　　　聚乙烯

（2）添加剂

添加剂也叫做助剂，是重要的但并非必不可少的成分。

① 填充剂（填料）　减少树脂用量，降低塑料成本；改善塑料某些性能，扩大塑料的应用范围。

如聚乙烯、聚氯乙烯等树脂中加入 $CaCO_3$ 就成为既廉价又有刚性和耐热性的钙塑料；酚醛树脂中加入木粉，克服了脆性；还有的提高耐热、耐磨、导电、导磁等性能。

填充剂按化学性能可分为有机填料和无机填料。

填充剂按形状可分为以下三类。

粉状：$CaCO_3$、滑石粉、铝粉、云母粉、石棉粉、大理石粉、石墨。

纤维状：棉花、玻璃纤维、碳纤维、金属须等。

层状（片状）：纸张、木片。

② 增塑剂　能够增加塑料的可加工性、延展性和膨胀性，它是能与树脂相溶的、不易挥发的高沸点有机化合物。增加塑料的塑性、流动性和柔韧性，改善成型性能，降低刚性和脆性。

作为增塑剂的化合物要求能与树脂很好地混溶而不起化学反应；不易从制品中析出及挥发；不降低制品的主要性能；无毒、无害、无色、不燃、成本低等。常用的增塑剂是液态或低熔点固体有机物。主要有甲酸酯类、磷酸酯类和氯化石蜡等。

③ 稳定剂　抑制和防止树脂在加工过程或使用过程中产生降解。根据稳定剂的作用可分为以下三种。

热稳定剂，其主要作用是抑制或防止树脂在加工或使用过程中受热而降解。主要是PVC使用。

光稳定剂，其主要作用是阻止树脂在光的作用下降解（塑料变色、力学性能下降等）。PE、PP、PS 等塑料常用。

抗氧化剂，延缓或抑制塑料氧化速度（防老化、龟裂、变硬、变脆、变黏、变色）。易于氧化而需采用抗氧剂的塑料有聚烯烃类、聚苯乙烯、聚甲醛、ABS 等。

④ 润滑剂　防止塑料在成型过程中粘模，同时还能改善塑料的流动性以及提高塑料表面光泽程度。常用的润滑剂有石蜡、硬脂酸、金属皂类、酯类及醇类等。

⑤ 着色剂（色料）　主要起装饰美观作用，同时还能提高塑料的光稳定性、热稳定性和耐候性。

⑥ 其他添加剂　防静电剂、阻燃剂、增强剂、驱避剂、发泡剂、交联剂、固化剂等。

并非每种塑料都要加入全部的添加剂，应根据塑料品种和需求有选择性地加入某些添加剂。

2.1.2　塑料的分类

（1）按分子结构分

① 热塑性塑料　指在特定温度范围内能反复加热软化，重新塑化成型的塑料，其主要分子结构是线型或支链型结构（变化过程可逆）。如聚乙烯（PE）、聚丙烯（PP）、聚苯乙烯（PS）、聚氯乙烯（PVC）、ABS、有机玻璃（PMMA）、聚酰胺（PA）、聚碳酸酯（PC）、聚甲醛（POM）等。热塑性塑料市场份额大，可用于生产大部分的民用、工程用制品，案例如图 2-1 所示。热塑性塑料又可分为结晶塑料和非结晶塑料。一般结晶塑料为不透明或半透明（如 PE、PP），非结晶塑料为透明（如有机玻璃、PS、PC 等）。

(a) 聚丙烯花盆

(b) 聚乙烯薄膜

图 2-1　热塑性塑料制品

② 热固性塑料　在刚开始加热时其分子结构为线型或支链型，呈液态，经过一段时间的加热及施加一定的压力下，就固化成不熔不溶性物质，其分子结构最终为体型结构，之后即使再加热到分解温度也不能熔化或溶解（变化过程不可逆）。如酚醛塑

料、氨基塑料、环氧树脂、脲醛塑料等。热固性塑料的用量约占全部塑料的 15％，制品案例如图 2-2 所示。

(a)酚醛塑料盖板　　　　　　　　　　(b)酚醛塑料产品

图 2-2　热固性塑料制品

（2）按用途分

按用途上，塑料常又被分为通用塑料、工程塑料、特殊用途塑料。

① 通用塑料　指产量大、用途广、成型性好、价廉的热塑性塑料。如 PE、PP、PS、PVC、酚醛塑料、氨基塑料，占市场份额 80％以上，常被回收利用再加工成型。为便于材料分类回收，在塑件上印上特殊三角形的三箭头标志，就是在近年来在全世界变得十分流行起来的循环再生标志，有人把它简称为回收标志。塑料制品回收标志，由美国塑料行业相关机构制定。这套标志将塑料材质辨识码打在容器或包装上，一般就在塑料容器的底部，三角形里边有 1～7 数字，每个编号代表一种塑料容器，如图 2-3 所示。它们的制作材料不同，使用禁忌上也存在不同。

这个特殊的三角形标志有两方面的含义：第一，它提醒人们，在使用完印有这种标志的商品或包装后，请把它送去回收，而不要把它当作垃圾扔掉；第二，它标志着商品或商品的包装是用可再生的材料做的，因此是有益于环境和保护地球的。

标注 1 号：PET（聚对苯二甲酸乙二醇酯），常用来做装汽水的塑料瓶，也俗称"宝特瓶"，常见矿泉水瓶、碳酸饮料瓶等。耐热至 70℃易变形，有对人体有害的物质熘出。1 号塑料品使用 10 个月后，可能释放出致癌物 DE-HP。不能放在汽车内晒太阳；不要装酒、油等物质。

标注 2 号：HDPE（高密度聚乙烯），清洁剂、洗发精、沐浴乳、食用油、农药等的容器多以 HDPE 制造。容器多半不透明，手感似蜡，常见有白色药瓶、清洁用品、沐浴产品。不易清洁干净，最好不要循环使用。

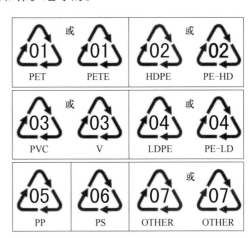

图 2-3　塑料制品回收标识

标注 3 号：PVC（聚氯乙烯），多用以制造水管、雨衣、书包、建材、塑料膜、塑料盒等器物。塑性优良，价格便宜，故使用很普遍，只能耐热 81℃，高温时容易有不好的物质产生，很少被用于食品包装。难清洗易残留，不要循环使用。

标注 4 号：LDPE（低密度聚乙烯），随处可见的塑料袋多以 LDPE 制造。常见保鲜膜、塑料膜等。高温时有有害物质产生，有害物质随食物进入人体后，可能引起乳腺癌、新生儿先天缺陷等疾病，保鲜膜不能进微波炉。

标注 5 号：PP（聚丙烯），多用以制造洗脸盆、水桶、垃圾桶、箩筐、篮子和微波炉用食物容器等。常见豆浆瓶、优酪乳瓶、果汁饮料瓶、微波炉餐盒。熔点高达 167℃，是唯一可以放进微波炉的塑料盒，可在小心清洁后重复使用。需要注意，有些微波炉餐盒，盒体以 5 号 PP 制造，但盒盖却以 1 号 PE 制造，由于 PET 不能抵受高温，故不能与盒体一并放进微波炉。

标注 6 号：PS（聚苯乙烯），由于吸水性低，多用以制造建材、玩具、文具、滚轮，还有速食店盛饮料的杯盒或一次性餐具。PS 制品不能装热的食品，以免因温度过高而释放出化学物。也不能装酸、碱性物质，会分解出致癌物质。

标注 7 号：PC（聚碳酸酯）及其他。PC 有时用来做水壶、太空杯、奶瓶。百货公司常用这种材质的水杯当赠品。加热很容易释放出有毒的物质双酚 A，对人体有害。另外，ABS 等塑料也标注 7 号。

② 工程塑料 指能承受一定的外力作用，并有良好的力学性能和尺寸稳定性，在高、低温下仍能保持其优良性能的塑料，如 PA、PC、POM、ABS，可以作为工程结构件，如尼龙齿轮。

③ 特殊用途塑料 指具有特种功能（如导热、导磁、自润滑等）应用于特殊要求的塑料。如 PTFE 有良好的润滑性，常用于不粘锅的涂层、阀体等，防粘、防堵。

2.2 塑料的使用性能和成型工艺性能

塑料的性能包括使用性能和成型工艺性能。

使用性能体现塑料的使用价值。塑料的使用性能包括物理性能、化学性能、力学性能、热性能、电性能等。了解塑料的使用性能后，可以根据塑件使用场合分析塑料选材是否合理。

成型工艺性能体现了塑料的成型特性，塑料的成型工艺性能包括流动性、相容性、吸湿性、热敏性、结晶性、取向性、收缩性等。了解塑料的成型工艺性能可以分析塑料成型加工过程中、模具设计中应注意的问题。

使用性能容易理解，不做过多说明。重点阐述一下塑料成型时的特有性能，成型加工时因材料不同有不同的成型特性，主要有如下几点。

（1）流动性

塑料在一定温度与压力下填充型腔的能力称为流动性。流动性的好坏很大程度上影响成型工艺参数的选择（如成型温度、压力、成型周期）、模具浇注系统及其他结构参数。决定塑件尺寸大小和壁厚时应考虑塑料的流动性。

常用塑料根据它的流动性可分为三类。

流动性好：PE、PP、PS、线型分子结构的流动性好（熔融指数小）。

流动性中等：改性聚苯乙烯、ABS、AS、PMMA、POM。

流动性差：PC、HPVC、PPO、PTFE（熔融指数大）。

成型加工时影响流动性的还有另外一些因素，总的原则是，凡促使熔融料降低温度，增加流动阻力的情况就会造成流动性降低。

① 塑料组分：加入填料流动性差，加入增塑剂、润滑剂增加流动性。

② 温度：料温高则流动性增大，但不同塑料也各有差异。PS、PA、PP、PMMA、ABS、AS 流动性受温度影响大，PE、POM 流动性受温度影响较小。

③ 压力：注塑压力增大则熔融料受剪切作用大，流动性也增大。尤其 PE、POM 对压力较为敏感。

④ 模具结构：浇注系统、型腔结构、表面粗糙度、冷却系统布置等都直接影响流动性。总之，控制材料的流动性非常重要，既要保证充填完整，又要不溢料。

（2）相容性

指两种或两种以上不同品种的塑料，在熔融状态下不产生相分离现象的能力。类似共聚，可改进塑料性能，如 PC 中加入 ABS，就能改善 PC 的工艺性能。

（3）热敏性

对热较为敏感，在高温下受热时间较长或进料口截面过小，剪切作用大时，料温增高易出现变色、降解、分解的倾向。有这种性能的塑料称为热敏性塑料。包括 PVC、PVDC、POM、聚三氟氯乙烯等。

热敏性塑料易分解，产生腐蚀性气体。生产时要控温、模具不得有死角、表面镀铬。

（4）水敏性

有的塑料（如聚碳酸酯）即使含有少量水分，在高温、高压下也会发生分解，这种性能称为水敏性。生产前要加热干燥处理。

（5）吸湿性

是指塑料对水分的亲疏程度。据此，塑料大致可分为以下两种。

① 易吸湿、黏附水分：聚酰胺、聚碳酸酯、ABS、聚苯醚、聚砜等，分子中含极性基团，对水有吸附能力。生产时，如水含量超标，会释放气体，使塑件出现气泡、银丝、斑纹等缺陷，加工前应干燥处理。

② 不吸水也不易黏附水分：聚乙烯、聚丙烯。

（6）收缩性

塑件从塑模中取出冷却到室温后，塑件的各部分尺寸都比原来在塑模中熔融的尺寸有很大的收缩，这种性能称为收缩性。设计模具时，成型部分尺寸设计必须考虑收缩率。

影响收缩的基本因素如下。

① 塑料品种：不同的塑料材料成型收缩率不同。常见塑料的成型收缩率见表 2-1。

表 2-1 常见塑料的成型收缩率

塑料名称	收缩率/%	塑料名称	收缩率/%
高密度聚乙烯	1.5～3.5	聚甲醛	1.8～2.6
低密度聚乙烯	1.5～3.0	尼龙6	0.7～1.5
聚丙烯	1.0～2.5	尼龙6(30%玻璃纤维增强)	0.35～0.45
聚丙烯(玻璃纤维增强)	0.4～0.8	尼龙66	1.5～2.2
聚苯乙烯(通用)	0.6～0.8	尼龙66(30%玻璃纤维增强)	0.4～0.55
聚苯乙烯(耐热)	0.2～0.8	聚氯乙烯(硬质)	0.6～1.5
聚苯乙烯(增韧)	0.3～0.6	聚氯乙烯(软质)	1.5～3.0
ABS(抗冲)	0.3～0.8	TPU	1.2～2.0
ABS(耐热)	0.3～0.8	PMMA	0.5～0.7
ABS(30%玻璃纤维增强)	0.3～0.6	PBT	1.3～2.2
聚碳酸酯	0.5～0.7		

另外收缩率与填料多少也有关系，树脂含量多，收缩率大。

② 塑件结构 ：形状复杂、壁薄、有嵌件及数量多分布均匀，收缩率小。

③ 模具结构：分型面、浇口形式、尺寸及分布等因素直接影响料流方向、密度分布、保压补缩作用及成型时间。

④ 成型工艺条件 ：模温高低、分布、成型压力、保压时间、注射速度等都会影响收缩率，模具设计时要综合考虑收缩率。

（7）结晶性

固体聚合物可划分为结晶态聚合物和非晶态聚合物，其中非晶态聚合物又称为无定形聚合物。结晶态聚合物是指，在高聚物微观结构中存在一些具有稳定规整排列的分子的区域，这些分子有规则紧密排列的区域称为结晶区。存在结晶区的高聚物称为结晶态高聚物。而非晶态高聚物中分子链的构象呈现无规则线团状，线团分子之间是无规则缠结的。结晶态和非结晶态的对比分析如图 2-4 所示。

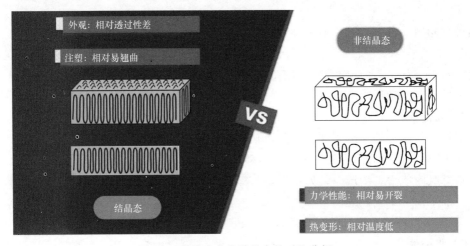

图 2-4　结晶态和非结晶态的对比分析

一般来说，高聚物的结晶总是从非晶态熔体中形成的，结晶态高聚物中实际上仍包含着非晶区，其结晶的程度可用结晶度来衡量。结晶度是指聚合物中的结晶区在聚合物中所占的质量百分数。通常分子结构简单、对称性高的聚合物以及分子间作用力较大的聚合物等从高温向低温转变时都能结晶。例如聚乙烯（PE ）的分子结构简单，对称性好，故当温度由高到低转变时易发生结晶。

聚合物一旦发生结晶，则其性能也将随之产生相应变化。结晶可导致聚合物的密度增加，这是因为结晶使得聚合物本体的微观结构变得规整而紧密的缘故。这种由结晶而导致的规整而紧密的微观结构还可使聚合物的拉伸强度增大，冲击强度降低，弹性模量变小，同时，结晶还有助于提高聚合物的移化温度和热变形温度，使成型的塑件脆性加大，表面粗糙度值增大，而且还会导致塑件的透明度降低甚至丧失，结晶和非结晶对塑料制件的影响对比分析如图 2-4 所示。

结晶态塑料只有一定程度的结晶，结晶度越大，塑料密度越大，强度、硬度越高，耐磨性、耐热性、耐化学性等越好，但透明性等不好。注射成型后的塑件是否会产生结晶以及结晶度的大小都与成型过程中塑件的冷却速率有很大关系。通过控制成型条件，控制结晶度，从而控制塑料性能，满足成型需求。

结晶态塑料在模具设计及选择注塑机时的要求及注意事项如下。

① 料温上升到成型温度所需的热量多，要用塑化能力大的设备。

② 冷凝时放出热量大，模具要充分冷却。

③ 因结晶分子紧密排布，所以成型收缩率大，易产生缩孔、气泡。

④ 收缩有方向性，制品易变形、翘曲。

（8）取向性

当线型高分子受到外力而充分伸展的时候，其长度远远超过其宽度，这种结构上的不对称性，使它们在某些情况下很容易沿某特定方向做占优势的平行排列，这种现象称为取向。高聚物的取向现象从微观上来看，主要是高聚物分子的分子链、链段及结晶高聚物的晶片、晶带沿特定方向的择优排列，因此材料性质呈现出各向异性。

取向一般分为拉伸取向和流动取向两种类型。拉伸取向是由拉应力引起的，取向方位与应力作用方向一致；而流动取向是在切应力作用下沿着熔体流动方向形成的。分子链或纤维填料顺着应力（流动）方向做平行排列，如图 2-5 所示。

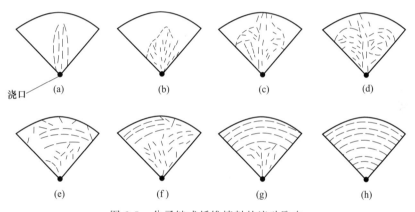

图 2-5　分子链或纤维填料的流动取向

塑料注塑制件在成型过程中易产生流动取向，对制件的质量有很大影响。聚合物取向的结果是导致高分子材料的力学性质、光学性质以及热性能等方面发生了显著的变化。力学性能中，抗张强度和挠曲疲劳强度在取向方向上显著增加，而与取向方向相垂直的方向上则显著降低，同时，冲击强度、断裂伸长率等也发生相应的变化，聚合物的光学性质也将呈现各向异性。如果成型的塑料制件内部有应力存在，则可能导致制件出现裂缝，裂缝又会导致应力集中，最终导致制件破裂。对结构复杂的注射件应尽量减少取向，否则塑件易弯曲变形，垂直取向方向会产生裂纹。

2.3　常用塑料的性能特点

2.3.1　热塑性塑料

（1）聚乙烯（PE）

聚乙烯（Polyethylene，简称 PE）是塑料中产量最大的、日常生活中使用最普通的一种，特点是质软、无毒、价廉、加工方便。注射用料为乳白色颗粒。由于主链为 C—C 键结构，无侧基，柔顺性好，分子呈规整的对称性排列，所以是一种典型的结晶态高聚物。

聚乙烯比较容易燃烧，燃烧时散发出石蜡燃烧味道，火焰上端呈黄色、下端呈蓝色，熔融滴落，离火后能继续燃烧。

目前大量使用的 PE 料主要有两种，即高密度聚乙烯（HDPE）和低密度聚乙烯（LDPE）。

① HDPE 和 LDPE 的基本性能　HDPE（高密度聚乙烯）分子结构中支链较少，密度为 $0.94\sim0.965g/cm^3$，结晶度为 $80\%\sim90\%$。其最突出的性能是电绝缘性优良，耐磨性、不透水性、抗化学药品性都较好，在 $60℃$ 下几乎不溶于任何溶剂；耐低温性良好，在 $-70℃$ 时仍有柔软性。缺点主要有：耐骤冷骤热性较差，机械强度不高，热变形温度低。HDPE 主要用来制作吹塑瓶子等中空制品，其次用作注塑成型，制作周转箱、旋塞、小载荷齿轮、轴承、电气组件支架等。

LDPE（低密度聚乙烯）分子结构之间有较多的支链，密度为 $0.910\sim0.925g/cm^3$，结晶度为 $55\%\sim65\%$。易于透气透湿，有优良的电绝缘性能和耐化学性能，柔软性、伸长率、耐冲击性、透光率比 HDPE 好，机械强度稍差，耐热性能较差，不耐光和热老化。LDPE 大量用作挤塑包装薄膜、薄片、包装容器、电线电缆包皮和软性注塑、挤塑件。

HDPE、LDPE 在性能上的相同点如下。

a. 吸水率较低，成型加工前可以不进行干燥处理。

b. 聚乙烯为剪敏性材料，黏度受剪切速率的影响更明显。

c. 收缩率较大且方向性明显，制品容易翘曲变形。

d. 由于聚乙烯是结晶态聚合物，它的结晶均匀程度直接影响到制品密度的分布。所以，要求模具的冷却水布置尽可能均匀，使密度均匀，保证制品尺寸和形状精度。

② 模具设计时注意要点

a. 聚乙烯分子有取向现象，这将导致取向方向的收缩率大于垂直方向的收缩率而引起翘曲、扭曲变形，以及对制品性能产生影响。为了避免这种现象，模具设计时应注意浇口位置的确定和收缩率的选择。

b. 聚乙烯质地柔软光滑，易脱模。对于侧壁带浅凹槽的制品，可采取强行脱模的方式进行脱模。

c. 由于聚乙烯流动性较好，排气槽的深度应控制在 $0.03mm$ 以下。

（2）聚丙烯（PP）

聚丙烯（PP）由丙烯聚合而成，属于结晶态高聚物，具有质轻、无毒、无味的特点，而且还具有耐腐蚀、耐高温、机械强度高的特点。注射用的聚丙烯树脂为白色、有蜡状感的颗粒。

聚丙烯容易燃烧，火焰上端呈黄色，下端呈蓝色，冒少量黑烟并熔融滴落，离火后能继续燃烧，散发出石油味。

聚丙烯大致分为单一的聚丙烯均聚体和改进冲击性能的乙烯-丙烯共聚体两种。

① PP 性能的主要优点

a. 由于在熔融温度下流动性好，成型工艺较宽，且各向异性比 PE 小，故特别适于制作各种形状简单的制品，制品的表面光泽、染色效果、外伤痕留等方面优于 PE 料。

b. 通用塑料中，PP 的耐热性最好。其制品可在 $100℃$ 下煮沸消毒，适于制成餐具、水壶等及需要进行高温灭菌处理的医疗器械。热变形温度为 $100\sim105℃$，可在 $100℃$ 以上长期使用。

c. 屈服强度高，有很高的弯曲疲劳寿命。用 PP 制作的活动铰链，在厚度适当的情况下（如 0.25～0.5mm），能承受 7000 万次的折叠弯曲而未有大的损坏。

d. 密度较小，为目前已知的塑料中密度最小的品种之一。

② PP 性能的主要缺点

a. 由于是结晶态聚合物，成型收缩率比无定形聚合物如 PS、ABS、PC 等大。成型时尺寸又易受温度、压力、冷却速度的影响，会出现不同程度的翘曲、变形，厚薄转折处易产生凸陷，因而不适于制造尺寸精度要求高或易出现变形缺陷的产品。

b. 刚性不足，不宜作受力机械构件。特别是制品上的缺口对应力十分敏感，因而设计时要避免尖角缺口的存在。

c. 耐候性较差。在阳光下易受紫外线辐射而加速塑料老化，使制品变硬开裂、染色消退或发生迁移。

③ 模具设计注意要点

a. 成型收缩率大，选择浇口位置时应满足熔体以较平衡的流动秩序充填型腔，确保制品各个方向的收缩一致。

b. 带铰链的制品应注意浇口位置的选择，要求熔体的流动方向垂直于铰链的轴心线。

c. 由于 PP 的流动性较好，排气槽深度不可超过 0.03mm。

（3）聚苯乙烯（PS）

聚苯乙烯（PS）是一种无定形透明的热塑性塑料。聚苯乙烯容易燃烧，火焰为橙黄色，浓黑烟炭束，软化、起泡，散发出苯乙烯单体味。

① PS 性能的主要优点

a. 光学性能好。其透光率达 88%～92%，可用作一般透明或滤光材料器件，如仪表、收录机上的刻度盘、电盘指示灯、自行车尾灯的透光外罩等。

b. 易于成型加工。因其比热容低、熔融黏度低、塑化能力强、加热成型快，故模塑周期短。而且，成型温度和分解温度相距较远，可供选择范围广，加之结晶度低、尺寸稳定性好，被认为是一种标准的工艺塑料。

c. 着色性能好。PS 表面容易上色、印刷和金属化处理，染色范围广，注射成型温度可以调低，能适应多种耐温性差的有机颜料的着色，制出色彩鲜艳明快的制品。

② PS 性能的主要缺点

a. 其最大的缺点是性脆易裂。因其抗冲击强度低，在外力作用下易于产生银纹屈服而使材料表现为性脆易裂，制件仅能在较低的负载使用；耐磨性也较差，在稍大的摩擦碰刮作用下很易拉毛。

b. 耐热温度较低。其制品的最高连续使用温度仅为 60～80℃，不宜制作盛载开水和高热食品的容器。

c. PS 的热胀系数大，热承载力较差，嵌入螺母、螺钉、导柱、垫块之类金属组件的塑料制品，往往在嵌接处出现裂纹。

d. 成型加工工艺要求较高。虽然 PS 透明、易于成型，但如果加工工艺不善，将带来不少问题，例如 PS 制品老化现象较明显，长时间光照或存放后，会出现混浊和发黄；PS 对热的敏感性很大，很易在不良的受热受压加工环境中发生降解。

③ PS 的改性 为了改善 PS 强度较低、不耐热、性脆易裂的缺点，以 PS 为基质，与不同单体共聚或与共聚体、均聚体共混，可制得多种改性体。例如高抗冲聚苯乙烯（HIPS）、

苯烯腈-苯乙烯共聚体（SAN）等。HIPS 除了具有聚苯乙烯易于着色、易于加工的优点外，还具有较强的韧性和冲击强度、较大的弹性。SAN 具有较高的耐应力开裂性以及耐油性、耐热性和耐化学腐蚀性。

④ 模具设计注意要点

a. PS 的热胀系数与金属相差较大，在 PS 制品中不宜有金属嵌件，否则当环境温度变化时，制品极易出现应力开裂现象。

b. 因 PS 性脆易裂，故制品的壁厚应尽可能均匀，不允许有缺口、尖角存在，厚薄相连处要用较大的圆弧过渡，以避免应力集中。

c. 为防止制品因脱模不良而开裂或增加内应力，除了选择合理的脱模斜度外，还要有较大的有效顶出面积、有良好的顶出同步性。

d. PS 对浇口形式无特殊要求，仅要求在浇口和制品连接处用较大的圆弧过渡，以免在去浇口时损伤制品。

（4）丙烯腈-丁二烯-苯乙烯共聚物（ABS）

ABS 是一种高强度改性 PS，由丙烯腈、丁二烯和苯乙烯三种组元以一定的比例共聚而成。三元结构的 ABS 兼具各组分的多种固有性：丙烯腈能使制品有较高的强度和表面硬度，提高耐化学腐蚀性和耐热性；丁二烯使聚合物有一定的柔顺性，使制件在低温下具有一定的韧性和弹性、较高的冲击强度而不易脆折；苯乙烯使分子链保持刚性，使材质坚硬、带光泽，保留了良好的电性能和热流动性，易于加工成型和染色。

ABS 本色为浅象牙色，不透明，无毒无味，属于无定形塑料。黏度适中，它的熔体流动性和温度、压力都有关系，其中压力的影响要大一些。

ABS 树脂是一种缓慢燃烧的材料，燃烧时火焰呈黄色，冒黑烟，气味特殊，在继续燃烧时不会熔融滴落。

① 主要优点

a. 综合性能比较好：机械强度高；抗冲击能力强，低温时也不会迅速下降；缺口敏感性较好；抗蠕变性好，温度升高时也不会迅速下降；有一定的表面硬度，抗抓伤，耐磨性好，摩擦系数低。

b. 电气性能好，受温度、湿度、频率变化影响小。

c. 耐低温达－40℃。

d. 耐酸、碱、盐、油、水。

e. 可以用涂漆、印刷、电镀等方法对制品进行表面装饰。

f. 较小的收缩率，较宽的成型工艺范围。

② 主要缺点

a. 不耐有机溶剂，会被溶胀，也会被极性溶剂所溶解。

b. 耐候性较差，特别是耐紫外线性能不好。

c. 耐热性不够好。普通 ABS 的热变形温度仅为 95～98℃。

③ ABS 的改性　ABS 能与其他许多热塑性或热固性塑料共混，改进这些塑料的加工和使用性能。如将 ABS 加入 PVC 中，可提高其冲击韧性、耐燃性、抗老化和抗寒能力，并改善其加工性能；将 ABS 与 PC 共混，可提高抗冲击强度和耐热性；以甲基丙烯酸甲酯替代 ABS 中丙烯腈组分，可制得 MBS 塑料，即通常所说的透明 ABS。综上所述，ABS 是一类

较理想的工程塑料，为各行业广为采用。航空、造船、机械、电气、纺织、汽车、建筑等制造业都将 ABS 作为首选非金属材料。

④ 模具设计注意点　为防止在充模过程中出现排气不良、灼伤、熔接缝等缺陷，要求开设深度不大于 0.04mm 的排气槽。

（5）聚碳酸酯（PC）

聚碳酸酯（PC）性能优越，不仅透明度高，冲击韧性极好，而且耐蠕变，使用温度范围宽，电绝缘性、耐候性优良，无毒。它是一种有优异工程性能的较理想的塑料，外观透明微黄，刚硬而带韧性。

聚碳酸酯的结晶倾向较小，没有准确的熔点，一般认为属于无定形塑料。流动性较差，冷却速度较快，制品易产生应力集中。它的流变性很接近牛顿型流体，它的黏度主要受温度影响。

聚碳酸酯可缓慢燃烧，火焰呈黄色，黑烟炭束，熔融起泡，散发出特殊花果臭，离火后慢慢熄灭。

① PC 优良的综合性能　主要表现在以下几个方面。

a. 机械强度高。其冲击强度是热塑性塑料中最高的一种，比铝、锌还高，号称"塑料金属"；弹性模量高，受温度影响极小；抗蠕变性能突出，即使在较高温度、较长时间下蠕变量也十分小，优于 POM；其他如韧性、抗弯强度、拉伸强度等亦优于 PA 及其他一般塑料。PC 的低温机械强度是十分可观的。所以在较宽的温度范围内，低温抗冲击能力较强，耐寒性好，脆化温度低达 $-100℃$。

b. 耐热性、耐候性优良。PC 的耐热性比一般塑料都高，热变形温度为 $135\sim143℃$，长期工作温度达 $120\sim130℃$，是一种耐热环境的常选塑料。其耐候性也很好，有人做过实验，将 PC 制件置于气温变化大的室外，任由日晒雨淋，三年后仅仅是色泽稍黄，性能仍保持不变。

c. 成型精度高，尺寸稳定好。成型收缩率基本固定在 $0.5\%\sim0.7\%$，流动方向与垂直方向的收缩基本一致。在很宽的使用温度范围内尺寸可靠性高。

PC 优良的综合性能使其在机械、仪器仪表、汽车、电器、纺织、化工、食品等领域都占据着重要地位。制成品有食品包装、餐饮器具、安全帽、泵叶、外科手术器械、医疗器械、高级绝缘材料、齿轮、车灯灯罩、高温透镜、窥视孔镜、电器连接件等。

② PC 的主要缺点

a. 自身流动性差，即使在较高的成型温度下，流动亦相对缓慢。

b. 在成型温度下对水分极其敏感，微量的水分即会引起水解，使制件变色、起泡、破裂。

c. 抗疲劳性、耐磨性较差，缺口效应敏感。

③ 模具设计注意要点　PC 制品与模具设计除了遵循一般塑料制品与模具的设计原则外，还需注意以下几点。

a. PC 的流动性较差，所以，流道系统和浇口的尺寸都应较大，优先采用侧浇口、扇形浇口、护耳式浇口。

b. 熔体黏度较大，要求型腔的材料比较耐磨。

c. 熔体的凝固速度较快，流动的不平衡对充填过程影响明显。为了防止滞流，型腔应该获得较好的充填秩序。

d. PC 对缺口较为敏感，要求制品壁厚均匀一致，尽可能避免锐角、缺口的存在，转角处要用圆弧过渡，圆弧半径不小于 1.5mm。

e. 成型过程中易出现排气不良现象，需开设深度小于 0.04mm 的排气孔槽。

（6）聚甲醛（POM）

聚甲醛（POM）是一种没有侧链、高密度、高结晶度的线型聚合物，具有优异的综合性能。这种材料最突出的特性是具有高弹性模量，表现出很高的硬度和刚性。

POM 是一种结晶态塑料，熔融状态下具有良好的流动性，其表观黏度主要受剪切速率影响，是一种剪切敏感性材料。

按分子链化学结构不同，聚甲醛可分为均聚和共聚两种。均聚物的密度、结晶度、机械强度等较高；共聚物的热稳定性、成型加工性、耐酸碱性较好。

聚甲醛容易燃烧，火焰上端呈黄色、下端呈蓝色，并熔融滴落，散发出强烈的刺激性甲醛味，鱼腥臭，离火后能继续燃烧。

① 主要优点

a. POM 具有良好的耐疲劳性和抗冲击强度，适合制造受周期性循环载荷的齿轮类制品。

b. 耐蠕变性好。与其他塑料相比，POM 在较宽的温度范围内蠕变量较小，可用来作密封零件。

c. 耐磨性能好。POM 具有自润滑性和低摩擦系数，该性能使它可用来作轴承、转轴。

d. 耐热性较好。在较高温下长期使用力学性能变化不大，均聚 POM 的工作温度在100℃，共聚 POM 可在 114℃下工作。

e. 吸水率低，成型加工时对水分的存在不敏感。

② 主要缺点

a. 凝固速度快，制品容易产生皱纹、熔接痕等表面缺陷。

b. 收缩率大，较难控制制品的尺寸精度。

c. 加工温度范围较窄，热稳定性差，即使在正常的加工温度范围内受热稍长，也会发生聚合物分解。

③ 模具设计注意要点

a. 在熔融态时，凝固速度快，结晶度高，体积收缩大，为满足正常的充填和保压，要求浇口尺寸大一些，且流动平衡性好一些。

b. 刚性好而韧性不足，弧形浇口不适合于 POM，以防浇口断裂而无法正常脱模。

c. 为防止 POM 分解而腐蚀型腔，型腔材料应该选用耐腐蚀的材料。

d. POM 熔体流动性较好，为防止排气不良、熔接痕、灼伤变色等缺陷，要求模具开设良好的排气槽，深度不超过 0.02mm，宽度在 3mm 左右。

（7）聚氯乙烯（PVC）

聚氯乙烯是世界上产量仅次于聚乙烯而占第二位的塑料。聚氯乙烯树脂为白色或浅黄色粉末，由于其分子结构中含有氯原子，因此聚氯乙烯通常不易燃烧，离火即灭，火焰呈黄色，燃烧时塑料可变软，同时发出刺激性气味。

常用的聚氯乙烯有硬质聚氯乙烯和软质聚氯乙烯之分。硬质聚氯乙烯不含或含有少量的增塑剂，有较好的抗拉、抗弯、抗压和抗冲击性能，可单独用做结构材料。软质聚氯乙烯含有较多的增塑剂，它的柔软性、断裂伸长率、耐寒性增加，但脆性、硬度、抗拉强度降低。此外，PVC的热稳定性较差，在一定温度下会有少量的氯化氢气体放出，促使其进一步分解变色，因此需加入稳定剂防止其裂解。它的使用温度范围也较窄，一般在-15～55℃之间。聚氯乙烯化学稳定性高，可用于防腐管道、管件、输油管、离心泵、鼓风机等。由于电气绝缘性能优良而在电气、电子工业中用于制造插座、插头、开关、电缆。在日常生活中，聚氯乙烯用于制造凉鞋、雨衣、玩具、人造革等。

（8）聚酰胺（PA）

聚酰胺俗称尼龙，它在世界上的消费量居工程塑料之首位。聚酰胺由二元胺和二元酸通过缩聚反应制取或由氨基酸自聚而成。尼龙的命名由二元胺与二元酸中的碳原子数来决定，常见的尼龙品种有尼龙1010、尼龙610、尼龙66、尼龙6、尼龙9、尼龙11等。尼龙有优良的力学性能，其抗冲击强度比一般塑料有显著提高，其中尼龙6尤为突出。尼龙本身无毒、无味、不霉烂，其吸水性强、收缩率大，常常因吸水而引起尺寸变化。尼龙具有良好的消音效果和自润滑性能，耐化学性能良好，对酸、碱、盐性能稳定，耐溶剂性能和耐油性也好，但电性能不是很好。其稳定性较差，一般只能在80～100℃之间使用。

成型加工时，尼龙具有较低的熔融黏度和良好的流动性，生产的制件容易产生飞边。因其吸水性强，成型加工前必须进行干燥处理。熔融状态的尼龙热稳定性较差，因此在高温料筒内停留时间不宜过长。

由于尼龙有较好的力学性能，被广泛地使用在工业上制作各种机械、化学和电气零件，如轴承、齿轮、滚子、辊轴、滑轮、泵叶轮、风扇叶片、蜗轮、高压密封扣圈、垫片、阀座、输油管、储油容器、绳索、传动带、电池箱、电器线圈骨架等。

（9）聚甲基丙烯酸甲酯（PMMA）

聚甲基丙烯酸甲酯，俗称有机玻璃。它是一种无定形聚合物，故成型收缩率不大，仅为0.8%。它的密度为1.19～1.22g/cm³。具有很高的透明性，透光率为90%～92%，有较强的耐化学腐蚀性，力学性能中等，电性能和耐候性能优良，但耐磨性能差。聚甲基丙烯酸甲酯的玻璃化温度为105℃，熔融温度为160～200℃，热变形温度为115℃左右，具体数值与压力有关。聚甲基丙烯酸甲酯很容易燃烧，火焰呈浅蓝色，顶端呈白色。

聚甲基丙烯酸甲酯可用来制造具有一定透明度的防震、防爆和观察等方面的零件，如油杯、光学镜片、车灯灯罩、油标及各种仪器零件，透明模型、透明管道、汽车和飞机的窗玻璃、飞机罩盖，也可用做广告牌、绝缘材料等。

（10）聚砜（PSU）

聚砜是20世纪60年代出现的工程塑料，又称聚苯醚砜，属于非结晶态塑料，外观有的呈透明而微带琥珀色，也有的是象牙色的不透明体。聚砜具有较好的化学稳定性、很高的力学性能、很好的刚性和优良的介电性能，聚砜的尺寸稳定性较好，可进行一般机械加工和电镀，通常的使用温度范围为-100～150℃，热变形温度为174℃，其抗蠕变性能比聚碳酸酯还好，耐候性较差。聚砜的收缩率较小，但成型加工前仍要预先将原料进行充分干燥，否则塑件易发生银丝、云母斑、气泡甚至开裂。聚砜的成型性能与聚碳酸酯相似，但热稳定性不如聚碳酸酯好，其熔体不仅流动性差，而且对温度非常敏感，冷却速度快。因此，模具设计时要尽可能考虑到降低浇口的阻力，成型时要注意对模具加热。

聚砜可用于制造电气和电子零件，如断路元件、恒温容器、开关、绝缘电刷、电视机元件、整流器插座、线圈骨架、仪器仪表零件等；也可用来制造需要具有良好的热性能、耐化学性和刚性好的零件，如转向柱轴环、电动机罩、飞机导管、电池箱、汽车零件、齿轮、凸轮等。

（11）聚四氟乙烯（PTFE）

聚四氟乙烯是氟塑料中最重要的一种，俗称塑料王。聚四氟乙烯树脂为白色粉末，外观蜡状、光滑不黏，平均密度为 $2.2g/cm^3$。聚四氟乙烯具有卓越的性能，它的化学稳定性是其他任何塑料无法比拟的，强酸、强碱及各种氧化剂甚至沸腾的"王水"和原子工业中用的强腐蚀剂五氟化铀等腐蚀性很强的介质对它都不起作用，其化学稳定性超过金、铂、玻璃、陶瓷及特种钢等，目前在常温下还未发现一种能溶解它的溶剂。它的耐热耐寒性能优良，可在 $-195\sim250℃$ 范围内长期使用而不发生性能变化。聚四氟乙烯具有良好的电气绝缘性，且不受环境湿度、温度和电频率的影响。

聚四氟乙烯的缺点是容易热膨胀，不耐磨，机械强度差，刚性不足且成型困难。制件一般是先将粉料冷压成坯件，然后再烧结成型。

聚四氟乙烯在防腐化工机械上用于制造管子、阀门、泵、涂层衬里等；在电绝缘方面广泛应用在要求有良好高频性能并能高度耐热、耐寒、耐腐蚀的场合，如喷气式飞机、雷达等上面的某些零件；也可用于制造自润滑减摩轴承、活塞环等零件。由于它具有不黏性，在塑料加工及食品工业中被广泛地用于脱模剂。在医学上还可用它制作代用血管、人工心肺装置等。

2.3.2 热固性塑料

（1）酚醛树脂（PF）

酚醛树脂通常由酚类化合物和醛类化合物缩聚而成。酚醛树脂本身很脆，必须加入各种纤维或粉末状填料后才能获得具有一定性能要求的酚醛塑料。酚醛塑料大致可分为层压塑料、纤维状压塑料、碎屑状压塑料等。与一般热塑性塑料相比，酚醛塑料具有刚性好，变形小、耐热、耐磨等性能，能在 $150\sim200℃$ 温度范围内长期使用；具有良好的电绝缘性能，在水润滑条件下有极低的摩擦系数。但它的冲击强度较差，质地较脆。酚醛塑料具有良好的成型性能，常用于压缩成型。模具的温度对其流动性有较大影响，硬化时放出大量热量，厚壁大型塑件内部温度易过高，发生硬化不匀及过热现象。

酚醛层压塑料根据所用填料不同，有纸质、布质、木质、石棉和玻璃纤维等各种层压塑料，可用来制成各种型材和板材。布质及玻璃纤维酚醛层压塑料具有优良的力学性能、耐油性能和一定的介电性能，用于制造轴瓦、导向轮、无声齿轮、轴承及电工结构材料和电气绝缘材料。木质层压塑料适用于制作水润滑冷却下的轴承及齿轮等。石棉层压塑料适用于制作高温下工作的零件。酚醛纤维状压塑料具有优良的电气绝缘性能，耐热、耐水、耐磨，可以加热模压成各种复杂的机械零件和电器零件，可制作各种线圈骨架、接线板、电动工具外壳、风扇叶片、耐酸泵叶轮、齿轮、凸轮等。

（2）氨基塑料

氨基塑料是由氨基化合物与醛类（主要是甲醛）经缩聚反应而制得的塑料，主要包括脲-甲醛、三聚氰胺-甲醛等。

① 脲-甲醛塑料（UF） 脲-甲醛塑料是由脲-甲醛树脂和漂白纸浆等制成的压塑粉，易

着色，可染成各种鲜艳的色彩，外观明亮，部分透明，具有较高的表面硬度，耐电弧性能好，耐矿物油、耐霉菌，但耐水性较差，在水中长期浸泡后电气绝缘性能下降。脲-甲醛塑料大量用于压制日用品及电气照明用设备的零件、电话机、收音机、钟表外壳、开关插座及电气绝缘零件。

② 三聚氰胺-甲醛塑料（MF）　三聚氰胺-甲醛塑料由三聚氰胺-甲醛树脂与石棉、滑石粉等制成。三聚氰胺-甲醛塑料可用来制作耐光、耐电弧、无毒的塑件，这些塑件的颜色繁多。此外，三聚氰胺-甲醛塑料在 $-20 \sim 100 \, ^\circ\!C$ 的温度范围内性能变化小，耐沸水，具有重量轻、不易碎的特点。该塑料常用于压缩、压注成型，压注成型时收缩率大。该塑料含水分及挥发物多，使用前需预热干燥，成型时有弱酸性物质及水分析出，因此模具应镀铬防腐，并注意排气。该塑料的熔体流动性好，硬化速度快，因此预热及成型温度要适当，尽快进行装料、合模及加工。

③ 环氧树脂（EP）　环氧树脂是含有环氧基的高分子化合物，未固化之前是线型的热塑性树脂，只有在加入固化剂（如胺类等）之后才交联反应成不熔的体型结构的高聚物。环氧树脂有许多优良的性能，其最突出的特点是黏结能力很强，是人们熟悉的"万能胶"的主要成分，此外，它还耐化学药品、耐热，电气绝缘性能良好，收缩率小。与酚醛树脂相比，它具有较好的力学性能。其缺点是耐气候性差，耐冲击性低，质地脆。成型时环氧树脂具有良好的流动性，硬化速度快，但用于浇注时脱模困难，需使用脱模剂。该树脂硬化时不析出任何副产物，成型时不需排气。

环氧树脂种类繁多，应用广泛，可用做金属和非金属材料的粘合剂，用于封装各种电子元件。环氧树脂配以石英粉等可用来浇铸各种模具。它还可以作为各种产品的防腐涂料。

■ 任务实施

根据客户提供的要求，电器下盖的材料应为 ABS，收缩率为 0.5%，颜色为象牙白色，没有腐蚀性。ABS 的原料为图 2-6 所示的颗粒状。

图 2-6　ABS 原料颗粒

通过查找塑料模具设计资料对材料性能进行分析，以判断材料选用是否合理，有无可改进之处。

（1）使用性能分析

优点：综合性能比较好，机械强度高；抗冲击能力强，耐低温达 $-40 \, ^\circ\!C$；缺口敏感性较好；抗蠕变性好；有一定的表面硬度，抗抓伤；耐磨性好，摩擦系数低；具有一定的化学稳定性和良好的介电性能。

主要缺点：不耐有机溶剂，会被溶胀，也会被极性溶剂所溶解；耐候性较差，特别是耐紫外线性能不好；耐热性不够好。

（2）成型工艺性能分析

吸湿性强，原料要干燥；流动性中等，宜用高料温、高模温、高压注射成型；溢边值0.04mm；较小的收缩率，尺寸稳定性较好；具有较宽的成型工艺范围。

电器下盖为电器类零件，通过对材料的分析，认为在使用和成型中用 ABS 都比较合适。

■ 总结与思考

1. 塑料与树脂的关系是什么？
2. 塑料的成分有哪些？
3. 塑料按物理化学性质可分为几种？
4. 热塑性塑料和热固性塑料的主要区别是什么？
5. 塑料按应用范围分可分为哪些？
6. 常用的塑料品种有哪些？
7. 热塑性塑料的成型工艺性能包括哪些？

任务三　塑料制件的结构工艺性分析

 能力目标

能够分析塑件结构工艺性设计的合理性，并能够对塑件结构不合理处进行修改。

 知识目标

掌握塑件尺寸、精度、表面质量要求的合理设计范围。
掌握塑件各种特征结构的设计要点。

 任务导入

塑件的结构工艺性分析即分析塑料制品设计得是否合理。除了合理选用塑件的原材料外，塑件工艺性分析还包括塑件尺寸精度、表面质量、塑件结构分析。也就是塑件尺寸精度及表面质量要求是否合理，塑件结构是否合理。塑件的工艺性能合理了，就可以既满足使用要求，又可以使成型工艺性能稳定，保证塑件的质量，提高生产率，又可以使模具结构简单，降低模具设计和制造成本。

产品结构
设计概要

电器下盖的制件工艺性合不合理呢？到底它有哪些特征会影响到模具设计呢？

■ 相关知识

（1）塑料制件工艺性分析总则

① 考虑原材料的成型工艺性能，如流动性、收缩率等。
② 考虑塑件的使用性能，包括力学性能、电性能等。
③ 在保证使用要求的前提下，力求结构简单、壁厚均匀。

④ 塑件形状等要保证模具简单、容易制造、不影响使用、利于成型。

（2）塑料制件的结构工艺性分析

① 塑件的尺寸和精度、表面质量。

② 塑件形状、脱模斜度、壁厚、圆角等总体设计。

③ 加强筋、孔、螺纹、嵌件、文字、符号等局部设计。

3.1 塑料制件的尺寸、精度及表面质量

3.1.1 塑料制件的尺寸

这里说的塑件的尺寸是指塑件的总体尺寸（长、宽、高）。

塑件的尺寸大小影响因素很多。主要取决于塑料的流动性，流动性越好可以成型的塑料件尺寸越大，对流动性差的塑料，生产大而薄的塑件充模困难，所以塑件尺寸不能设计太大。塑件尺寸大小也受限于设备的工作能力，如注射量、锁模力、工作台面尺寸等。

塑件尺寸设计要点：在满足塑件使用要求的前提下，塑件设计得应尽量结构紧凑，尺寸小巧。

3.1.2 塑件的精度分析

塑件的精度是指所获得的塑件尺寸与产品图中尺寸的符合程度，即所获塑件尺寸的准确度。

影响塑件精度的因素很多，包括：

① 模具的制造精度、磨损程度和安装误差；

② 塑料收缩率的波动以及成型时工艺条件的变化；

③ 塑件成型后的时效变化与模具的结构形状。

由于影响因素较多，塑件的尺寸精度往往不高。塑件尺寸精度越高，模具尺寸精度也越高，加工难度和成本会增加，因此要合理选择精度。为降低模具制造成本和便于模具生产制造，在满足塑件使用要求的前提下，应将塑件尺寸精度设计得尽量低一些。

塑料制件的公差等级分 7 级，公差代号为 MT。MT1 级精度最高（精密技术级，一般不采用）；MT7 级精度最低；未注公差尺寸的一般选 MT5、MT6、MT7 级精度（公差尺寸可查相关塑料模具设计相关手册）。等级选用与塑料品种和装配有关，如表 3-1 所示。

表 3-1 根据塑料品种进行精度等级的选用

类别	塑料品种	建议采用的精度等级		
		高精度	一般精度	低精度
1	聚苯乙烯(PS) ABS 聚甲基丙烯酸甲酯(PMMA) 聚砜(PSU) 聚苯醚(PPO) 氨基塑料	3	4	3
2	聚酰胺 6、66、610、9、1010 氯化聚醚(CPT) 硬聚氯乙烯(HPVC)	4	5	6
3	聚甲醛(POM) 聚丙烯(PP) 高密度聚乙烯(HDPE)	5	6	7
4	软聚氯乙烯(SPVC) 低密度聚乙烯(LDPE)	6	7	—

3.1.3 塑件的表面粗糙度

塑件的表面粗糙度主要由模具成型零件的表面粗糙度决定。一般模具表面粗糙度等级要比塑件的要求高 1～2 级，即塑件表面粗糙度值一般为 $0.2～0.8\mu m$，模腔则为 $0.05～0.4\mu m$），型腔磨损后，要及时抛光复原。透明塑件要求型腔和型芯的表面粗糙度相同。

塑件的表面粗糙度与成型工艺、塑料品种有关。不同加工方法和不同材料所能达到的表面粗糙度数值是不一样的，见表 3-2。

表 3-2 不同加工方法和不同材料所能达到的表面粗糙度数值

加工方法	材料		Ra 值参数范围/μm								
			0.025	0.050	0.100	0.200	0.40	0.80	1.60	3.20	6.30	12.50
注射成型	热塑性塑料	PMMA	☆	☆	☆	☆	☆	☆	☆			
		ABS	☆	☆	☆	☆	☆	☆	☆			
		AS	☆	☆	☆	☆	☆	☆	☆			
		聚碳酸酯		☆	☆	☆	☆	☆	☆			
		聚苯乙烯		☆	☆	☆	☆	☆	☆	☆		
		聚丙烯				☆	☆	☆	☆			
		尼龙				☆	☆	☆	☆			
		聚乙烯				☆	☆	☆	☆	☆	☆	
		聚甲醛		☆	☆	☆	☆	☆	☆	☆		
		聚砜				☆	☆	☆	☆			
		聚氯乙烯				☆	☆	☆	☆			
		氯苯醚				☆	☆	☆	☆			
		氯化聚醚				☆	☆	☆	☆			
		PBT				☆	☆	☆	☆			
压缩和压注成型	热固性塑料	氨基塑料				☆	☆	☆	☆			
		酚醛塑料				☆	☆	☆	☆			
		硅酮塑料				☆	☆	☆	☆			
		氨基塑料				☆	☆	☆	☆			
		硅酮塑料			☆	☆	☆	☆				
		酚醛塑料				☆	☆	☆				
		DAP				☆	☆	☆				
		不饱和聚酯				☆	☆	☆				
		环氧树脂				☆	☆	☆				
机械加工		有机玻璃	☆	☆	☆	☆	☆	☆				
		尼龙							☆	☆	☆	☆
		聚四氟乙烯						☆	☆	☆	☆	☆
		聚氯乙烯							☆	☆	☆	☆

注：表中"☆"代表能达到的表面粗糙度。

3.2 塑料制件的结构设计要点

塑料制件受成型方法的影响，结构上有独特的要求。塑料模具设计之前要分析塑件的结构设计是否合理，要求塑件结构设计既能满足使用，又要有利于成型，并能使模具尽量简单。塑件的结构设计包括塑件形状、脱模斜度、壁厚、圆角、加强筋、孔、螺纹、嵌件、文字、符号等设计。

3.2.1 表面形状

① 塑件的内外表面形状应尽可能保证有利于成型，简化模具的结构（主要指尽量减少

侧抽芯）。如图 3-1 所示，左边各塑件的结构需要采用侧向分型抽芯机构，改为右侧的结构后，就避免了侧向分型抽芯机构，简化了模具结构。

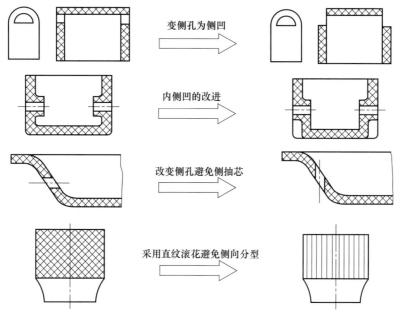

图 3-1　塑件表面形状的设计改良

② 如果侧凹、侧凸较浅，并带圆角，可以强制脱模。这样也可以避免侧向分型抽芯。

强制脱模的条件：在脱模温度下，塑件材料较软、较韧、富有弹性；侧凹、侧凸较浅，并带圆角；模具结构上有弹性变形空间。

不同塑料材料能达到的最大脱模深度，如表 3-3 所示。

表 3-3　不同塑料材料能达到的最大脱模深度

塑料名称	65℃时允许凹槽最大深度[①]/%	塑料名称	65℃时允许凹槽最大深度[①]/%
ABS	8	LDPE	21
AS	2	HDPE	6
POM	5	PP	5
PA	9	PS	2
PMMA	4	PC	2

① 表中数值是凹槽最大深度与它所在的型芯总径向尺寸的百分比。

3.2.2　脱模斜度

为了便于从塑件中抽出型芯或从型腔中脱出塑件，防止脱模时拉伤塑件，在设计时，必须使塑件内外表面沿脱模方向留有足够的斜度，在模具上即称为脱模斜度。

① 脱模斜度画法　型腔以大端为基准，斜度由缩小方向取得；型芯以小端为基准，斜度由扩大方向取得，如图 3-2 所示。

② 脱模斜度的大小　一般情况下，脱模斜度不包括在塑件的公差范围内。脱模斜度取决于塑件的形状、壁厚及塑料的收缩率，一般取 $30'\sim 1°30'$。表 3-4 为常用塑件的脱模斜度。

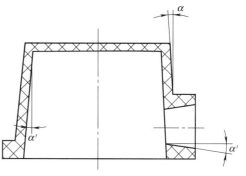

图 3-2　脱模斜度画法

表 3-4　常用塑件的脱模斜度

塑料制品材料	脱模斜度	
	型腔	型芯
聚乙烯、聚丙烯、软聚氯乙烯、聚酰胺、氯化聚醚	$25'\sim45'$	$20'\sim45'$
硬聚氯乙烯、聚碳酸酯、聚砜	$35'\sim40'$	$30'\sim50'$
聚苯乙烯、有机玻璃、ABS、聚甲醛	$35'\sim1°20'$	$30'\sim40'$
热固性塑料	$25'\sim40'$	$20'\sim50'$

③ 脱模斜度表示方法　如图 3-3 所示。

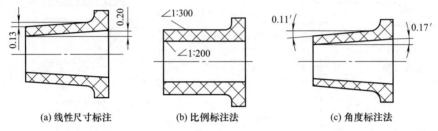

　　　(a) 线性尺寸标注　　　　(b) 比例标注法　　　　(c) 角度标注法

图 3-3　脱模斜度表示方法

④ 脱模斜度设计要点

a. 塑件精度高，采用较小脱模斜度。

b. 尺寸大的塑件，采用较小脱模斜度。

c. 塑件形状复杂不易脱模，选用较大斜度。

d. 增强塑料采用较大的脱模斜度。

e. 含润滑剂的塑料采用较小脱模斜度。

f. 收缩率大，斜度加大。

g. 热固性塑料收缩率小，脱模斜度也小。

3.2.3　壁厚

　　塑件壁厚的设计与塑料原料的性能、制件结构、成型条件、制件的质量及其使用要求都有密切的联系。壁厚过小，会造成充填阻力的增大，特别对于大型、复杂制件就难于成型。壁厚过大，不仅浪费原料，更重要的是延长了冷却时间（制件壁厚增加一倍，冷却时间将增加四倍），从而大大降低生产效率，另外也容易产生表面凹陷、内部缩孔等缺陷。一般而言，在满足使用要求的前提下，制件壁厚尽量取小些。

　　塑件壁厚设计原则：厚薄适中、壁厚均匀。

（1）厚薄适中的设计要求

① 能承受推出机构等的冲击和振动。

② 制品连接紧固处、嵌件埋入处等具有足够的厚度。

③ 保证储存、搬运过程中强度所需的壁厚。

④ 满足成型时熔体充模所需的壁厚。

　　热塑性塑料易于成型薄壁塑件，最小壁厚能达到 0.25mm，但一般不宜小于 0.6～0.9mm，常取 2～4mm。各种热塑性塑料壁厚常用值如表 3-5 所示。

　　典型案例：如图 3-4 所示，此塑件两边壁较薄，厚 0.3mm，易产生滞流，须加厚到 0.8mm。

表 3-5　热塑性塑料塑件最小壁厚及推荐值

塑料种类	制件流程 50mm 的最小壁厚/mm	一般制件壁厚/mm	大型制件壁厚/mm
聚酰胺(PA)	0.45	1.75~2.60	2.4~3.2
聚苯乙烯(PS)	0.75	2.25~2.60	3.2~5.4
有机玻璃(PMMA)	0.80	2.50~2.80	4.0~6.5
聚甲醛(POM)	0.80	2.40~2.60	3.2~5.4
软聚氯乙烯(SPVC)	0.85	2.25~2.50	2.4~3.2
聚丙烯(PP)	0.85	2.45~2.75	2.4~3.2
聚碳酸酯(PC)	0.95	2.60~2.80	3.0~4.5
硬聚氯乙烯(HPVC)	1.15	2.60~2.80	3.2~5.8
聚乙烯(PE)	0.60	2.25~2.60	2.4~3.2

典型实例：图 3-5（a）所示的塑件壁太厚，成型后易出现图 3-5（b）所示的变形，图 3-5（c）所示为改良后的塑件。

（2）壁厚均匀的设计要求

同一塑料零件的壁厚应尽可能一致，否则会因冷却或固化速度不同产生附加内应力，使塑件产生翘曲、缩孔、裂纹甚至开裂。塑件局部过厚，外表面会出现凹痕，内部会产生气泡。设计时可考虑将壁厚部分局部挖空，如图 3-6（a）所示。如有特殊要求时，壁厚比例不超过 1：3，厚薄处逐渐过渡，如图 3-6（b）所示。

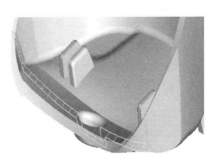

图 3-4　塑件壁厚不能太薄

(a) 厚壁塑件　　(b) 塑件成型后变形　　(c) 壁厚适中的塑件

图 3-5　塑件壁厚不能太厚

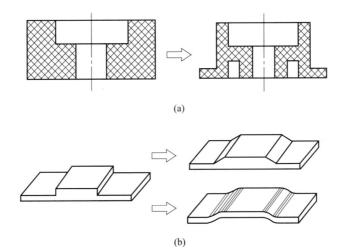

(a)

(b)

图 3-6　塑件壁厚要均匀

3.2.4 圆角

带有尖角的塑件在成型时，往往会在尖角处产生局部应力集中，在受力或冲击震动下会发生开裂或破裂，因此，除了分型面和型腔型芯结合部位，塑件转角尽可能设计成圆角，或者用圆弧过渡。

（1）圆角的作用

① 圆角可避免应力集中，提高制件强度。

② 圆角有利于充模和脱模。

③ 圆角有利于模具制造，提高模具强度。在淬火和使用中不易出现应力集中开裂。

（2）圆角的尺寸设计要点

如图 3-7 所示。

① 内壁圆角半径应为壁厚的一半。

② 外壁圆角半径可为壁厚的 1.5 倍。

③ 一般圆角半径不应小于 0.5mm。

④ 壁厚不等的两壁转角可按平均壁厚确定内、外圆角半径。

⑤ 理想的内圆角半径应为壁厚的 1/3 以上。

3.2.5 加强筋及其他防变形结构

加强筋的主要作用是增加塑件强度和避免塑件变形翘曲。用增加壁厚的办法来提高塑件的强度，常常是不合理的，也不经济。所以，通常在制件的相应位置设置加强筋，从而在不增加壁厚的情况下，达到提高制件刚强度、避免翘曲变形的目的，沿着料流方向的加强筋还能改善成型时塑料熔体的流动性，避免气泡、缩孔和凹陷等缺陷的形成。

但是加强筋不应设计过厚，一般应小于该处的壁厚，否则塑料制件的加强筋与塑料制件壳体连接处易产生收缩凹陷。所以，要求加强筋壁厚应小于等于 $0.5t$（t 为塑料制件壁厚），一般在 $0.8 \sim 1.2$mm 范围之内。

加强筋必须有足够的斜度，筋的根部应呈圆弧过渡。当加强筋深 15mm 以下，脱模斜度应有 $0.5°$ 以上；加强筋深 15mm 以上，根部与顶部厚度差不小于 0.2mm，如图 3-8 所示。当加强筋深 15mm 以上，容易产生熔体流动困难、困气。对这个问题，模具上可制作镶件，方便排气。

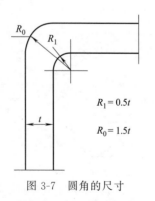

图 3-7 圆角的尺寸

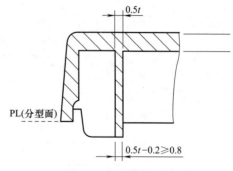

图 3-8 加强筋的尺寸

另外，加强筋应比塑件的支承面低 0.5mm 以上。

除了采用加强筋外，薄壳状的塑件可制成球面或拱曲面，这样可以有效地增加刚性和减少变形，如图 3-9 所示。

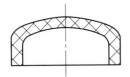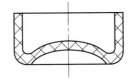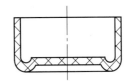

图 3-9 加强筋的变形

3.2.6 支承面及凸台

① 支承面通常采用的是底脚（三点或四点）支承或边框支承，如图 3-10 所示。

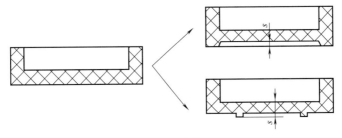

图 3-10 支承面

② 凸台又称螺钉柱，固定螺钉用，如图 3-11 所示。凸台设计要点如下。

a. 凸台一般应位于边角部位。

b. 侧面应设角撑。

c. 凸台根部圆弧过渡。

d. 凸台直径至少是孔径两倍。

e. 其高度不应超过凸台外径的两倍。

f. 应有足够的脱模斜度。

g. 凸台壁厚不能超过基面的 3/4。

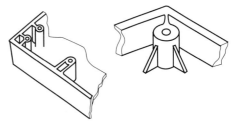

图 3-11 凸台

3.2.7 孔

（1）孔的设计要点

① 孔应设置在不易削弱塑件强度的地方。

② 相邻两孔之间和孔与边缘之间应保留适当距离。

③ 塑件上固定用孔和其他受力孔的周围可设计一凸边或凸台来加强。

（2）塑件孔的类型

① 通孔 通孔成型方法通常有三种，如图 3-12 所示。

图 3-12（a）由一端固定的型芯来成型，这时孔的一端容易产生横向飞边，且由于型芯相当于是悬臂梁的单支点固定，当孔径较小或孔较深时，会因受成型时熔体的冲击，容易发生弯曲变形，甚至折断等现象。所以，该法一般用于成型较浅的通孔。

图 3-12（b）由一端固定的两个型芯来成型，同样在两型芯接合处容易产生横向飞边，该结构与图 3-12（a）中相比，增加了单个型芯的稳定性和强度，但由于不能很好地保证两孔的同轴度，所以为了满足安装和使用上的要求，常常将两个型芯直径尺寸设计成相差 0.5~1mm。该方法可用于成型较深、但轴向精度要求不高的通孔。

图 3-12（c）由一端固定、另一端导向支撑的双支点型芯来成型。该结构大大提高了型

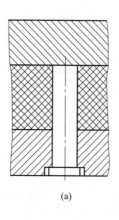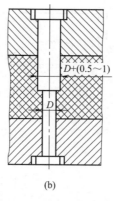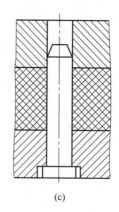

(a)   (b)   (c)

图 3-12　通孔的成型方法

芯的刚强度和孔的同轴度，但当导向部分磨损后，会在导向口处出现纵向飞边。该法可用于成型较深，且有轴向精度要求的通孔。

② 盲孔　盲孔只能用一端固定的单支点型芯来成型，因此其深度应浅于通孔。注射成型或压注成型时，孔深应不超过孔径的 4 倍；压缩成型时，孔深应更浅些，平行于压缩方向的孔深一般不超过孔径的 2.5 倍，垂直于压缩方向的孔深为孔径的 2 倍。如塑件上确实需要较深且垂直于压缩方向的盲孔时，为防止型芯弯曲，可在型芯下面设置支承柱。一般情况下，对于直径小于 1.5mm 的孔或深度太大的孔最好用成型后再机加工的方法获得。如成型时能在钻孔的位置上压出定位浅孔，则会给后续加工带来很大的方便。

③ 特殊孔　在塑件设计时尽量避免形状过于复杂的孔，因为这会造成模具制造的困难及其成本的提高。对于斜孔或形状复杂的特殊孔可以采用相应的拼合型芯来成型，以避免侧向抽芯，拼合面又称对插面。如图 3-13 所示为常见的例子。

但是模具的对插面必须有斜度，对插面斜度有两个功用：一是防止对插面处出现飞边等溢料现象，因为注塑机的锁模力是不能有效地加载到竖直贴合面；二是可减少配合面的磨损。

3.2.8　螺纹设计

塑件上的螺纹应选用螺牙尺寸较大者，螺杆直径较小时不宜采用细牙螺纹。

螺纹直接成型的方法有：采用螺纹型芯或螺纹型环在成型之后将塑件旋下；外螺纹采用瓣合模成型，这时工效高，但精度较差，还带有不易除尽的飞边；要求不高的螺纹（如瓶盖螺纹）用软塑料成型时，可强制脱模，这时螺牙断面最好设计得浅一些，且呈圆形或梯形断面。

为了防止螺孔最外圈的螺纹崩裂或变形，应使螺纹最外圈和最里圈留有平直段，如图 3-14 所示，图 3-14（a）是不正确的，图 3-14（b）是正确的。起始平直段通常大于 0.2mm，

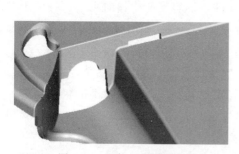

图 3-13　塑件上的对插面

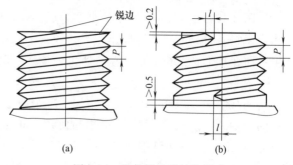

图 3-14　塑件螺纹的结构形式

末端平直段通常大于 0.5mm；另外，螺纹始端和末端通常留有一段过渡段 l，其数值按表 3-6 选取。

表 3-6　塑料制件螺纹始末过渡段长度　　　　　　　　　mm

螺纹直径	螺距 P		
	<0.5	>0.5	>1
	过渡长度 l		
≤10	1	2	3
10~20	2	2	4
20~34	2	4	6
34~52	3	6	8
>52	3	8	10

3.2.9　嵌件

在塑件内压入其他的零件（金属或非金属都可以）形成不可拆卸的连接，此压入零件称为嵌件。

（1）嵌件的用途

① 可以提高塑件力学性能和磨损寿命。

② 可以提高塑件的尺寸稳定性、尺寸精度。

③ 起导电、导磁作用。

④ 起紧固、连接作用。

采用嵌件往往会增加塑件成本，使模具结构复杂，并且不利于实现自动化生产，生产周期长。因此，塑件设计尽可能避免使用嵌件，要合理分析确定。

如图 3-15 所示，带螺纹的嵌件是常见的形式。

（2）嵌件的设计要点

① 嵌件与塑件应牢固连接

为了防止嵌件受力时在塑件内转动或拔出，嵌件表面必须设计成适当的凹凸状，如图 3-16 所示。图 3-16（a）为直纹滚花；图 3-16（b）为外六角形；图 3-16（c）为固定片状嵌件时所用，采用切口、打眼、折弯等方式；图 3-16（d）为菱

图 3-15　常见的螺纹嵌件

形滚花，是最常采用的形状，其抗拉和抗扭的力都较大。

② 嵌件在模内应可靠定位和配合　安放在模具内的嵌件，在成型过程中要受到塑料流的冲击，因此有可能发生位移和变形，同时塑料还可能挤入嵌件上预留的孔或螺纹中，影响嵌件使用，因此必须可靠定位和配合。如图 3-17 所示为外螺纹嵌件在模内的固定与配合，图 3-18 所示为内螺纹嵌件在模内的固定与配合，分别在光杆、台肩、凸台处配合，并且配合精度为 H8/f8。

无论杆形或环形嵌件，其高度都不宜超过其定位部分直径的两倍，否则，塑料熔体的压力不但会使塑件移位，有时还会使嵌件变形。当嵌件过高或为细长杆状或片状时，应在模具上设支柱以免嵌件弯曲，但支柱的使用会使塑件上留下孔，设计时应考虑该孔不影响塑件的使用。

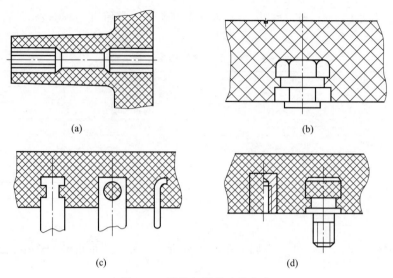

(a)   (b)

(c)   (d)

图 3-16　嵌件与塑件连接方式

图 3-17　外螺纹嵌件在模内的固定与配合

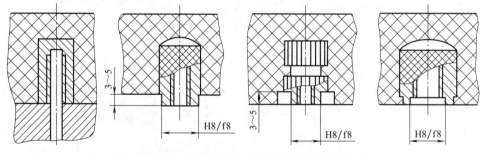

图 3-18　内螺纹嵌件在模内的固定与配合

3.2.10　文字、符号及标记

塑件上可以直接成型的字体和图案，可以采用图 3-19 所示的三种方法成型。

① 图 3-19（a）为凸字成型：如不怕磨损，可直接在镶块上铣出，制模时方便。

② 图 3-19（b）为凹字成型：字体使用时不会磨损，但模具制造困难；但现在常用电火花加工，可大大减轻制造难度。

③ 图 3-19（c）为凹坑凸字成型：凹坑凸字的形式，即在与塑件有文字地方对应的模具上镶上刻有字迹的镶块，为了避免镶嵌的痕迹，可将镶块周围的结合线作边框，则凹坑里的凸字无论在模具研磨抛光或塑件使用时，都不会因碰撞而损坏。

(a)

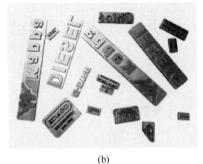
(b)

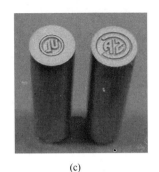
(c)

图 3-19 塑件上的文字符号图案的成型方法

任务实施

（1）分析电器下盖的结构合理性

结构分析：产品侧面有一处插破孔，可以设计斜顶机构直接成型，中间有六个螺钉孔，需设计推管机构，产品分型线部分有凹槽，因此分型面不是平面结构。

① 壁厚为 1.5mm，厚薄合适，易于成型。

② 脱模斜度：ABS 属于无定形塑料，成型收缩率为 0.5%，该塑件脱模斜度周圈均为 3°，加强筋无脱模角度，设计脱模角度为 0.5°。

（2）分析电器下盖的尺寸精度要求

该塑件外形尺寸为 86×131×23，属于中型塑件，料流距离不长，注塑成型较容易。尺寸精度要求不高，工艺条件范围较宽，易于控制生产。

外观要求：表面光洁无毛刺、无缩痕，浇口不允许设在产品外表面。ABS 材料可满足光洁度要求，浇口可设计成潜伏式浇口。

总结与思考

1. 塑件的尺寸大小与什么因素有关？
2. 塑件表面粗糙度设计要点有哪些？
3. 塑件的结构设计包括哪些内容？
4. 塑件壁厚设计原则有哪些？
5. 塑件结构设计的分析与改进，如图 3-20 所示。

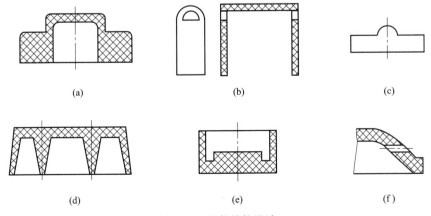

(a)　　　　　　　　(b)　　　　　　　　(c)

(d)　　　　　　　　(e)　　　　　　　　(f)

图 3-20 塑件结构设计

任务四　拟定模具结构

能力目标

具有根据塑件结构确定模具类型的能力；具有根据模具的特点，确定和校核注射机的能力。

知识目标

掌握注塑模结构组成；掌握典型类型注塑模具结构及特点；掌握模具与注射机的确定和校核关系。

任务导入

由于注塑模具种类较多，在进行模具结构设计之前，必须初步确定模具的类型。如图 4-1 所示的教学贯穿案例的电器下盖注塑模采用的是哪种类型呢？

图 4-1　电器下盖注塑模 3D 结构

■　相关知识

4.1　注塑模结构组成

注塑模是安装在注射机上完成生产的，注塑模由动模、定模两大部分组成，动模安装在注射机的移动模板上，定模安装在注射机的固定模板上。注射时，动模与定模闭合构成型腔和浇注系统，开模时，动模与定模分离，通过脱模机构推出塑件。

为满足注射成型工艺，注塑模有一些典型的功能零部件，这些功能零部件根据实际生产情况和塑件不同，又有很多不同的结构特点，所以注塑模有很多分类。

注塑模具可以分为以下几个功能部分。

（1）成型部分

直接成型塑件的部分，通常由凸模（成型塑件内表面）、凹模（成型塑件外表面）、型芯或成型杆、镶块以及螺纹型芯和螺纹型环等组成。

（2）浇注系统

是指将塑料熔体由注射机喷嘴引向闭合型腔的流动流道。通常，浇注系统由主流道、分流道、浇口和冷料穴组成。

（3）导向定位机构

导向定位机构保证合模时动模和定模准确对合，以保证塑件的形状和尺寸精度，避免模具中其他零件（经常是凸模）发生碰撞和干涉。导向定位机构分为导柱导向机构和锥面定位导向机构。对于深腔、薄壁、精度要求较高的塑件，除了导柱导向外，经常还采用内外锥面定位导向机构。在大中型注射模具的脱模机构中，为了保证在脱模过程脱模装置不因为变形歪斜而影响脱模，经常设置导向零件。

（4）脱模机构（也称推出机构）

是指开模时将塑件和浇注系统凝料从模具中推出，实现脱模的装置，常用的脱模机构有推杆、推管和推件板等。

（5）侧向分型抽芯机构

带有内外侧孔、侧凹或侧凸的塑件，需要有侧向型芯或侧向成型块来成型，在开模推出塑件之前，模具必须先进行侧向分型，抽出侧向型芯或脱开侧向成型块，塑件才能顺利脱模。负责完成上述功能的机构，称为侧向分型抽芯机构。

（6）温度调节系统

为了满足注射成型工艺对模具温度的要求，模具一般设有冷却和加热系统。冷却系统一般在模具内开设冷却水道，外部用橡胶软管连接。加热装置则在模具内或模具四周设置电热元件、热水（油）或蒸汽等具有加热结构的板件。模具中是开设冷却还是加热装置，需要根据塑料种类和成型工艺来确定。

（7）排气系统

注射充模时，为了塑料熔体的顺利进入，需要将型腔内的原有空气和注射成型过程中塑料本身挥发出来的气体排出模外，常在模具分型面处开设几条排气槽。小型塑件排气量不大，可直接利用分型面排气，不必另外设置排气槽。许多模具的推杆或型芯与模板的配合间隙也可起到排气的作用。大型塑件必须设置排气槽。

（8）支承零部件

用来安装或支承成型零部件及其他结构零部件，包括定位圈、定模座板、动模座板、定模板、动模板、支承板、垫块等。为了减少繁重的模具设计和制造工作量，注射模大多采用标准模架结构。标准模架组合具备了模具的主要功能，构成了模具的基本骨架，主要包含支承零部件、导向机构以及脱模机构等。标准模架可以从相关厂家定购。在模架的基础上再加工、添加成型零部件和其他功能结构件可以构成任何形式的注塑模具。

4.2　注塑模分类及典型注塑模具结构

按照不同的划分依据，注塑模的分类方法不同。按塑料材料类别分为热塑性塑料注塑模和热固性塑料注塑模；按使用注射机类型分为卧式注射机用注塑模、立式注射机用注塑模、角式注射机用注塑模；按采用的流道形式分为普通流道注塑模、热流道注塑模；按模具型腔数目可分为单型腔注塑模和多型腔注塑模；按注射模具的总体结构特征分为单分型面注塑模、双分型面注塑模、斜导柱侧向分型抽芯注塑模、斜滑块侧向分型抽芯注塑模、自动卸螺纹注塑模、定模推出机构注塑模、带活动镶件注塑模、热流道注塑模等。各种具有独特结构的注塑模将在后面的任务中逐一展开介绍，本任务中仅介绍最普通的单分型面注塑模和双分型面注塑模的结构和特点。

4.2.1 单分型面注射模

单分型面注射模是注射模中最简单、最常见的一种结构形式，也称二板式注射模。单分型面注射模只有一个分型面，其典型结构如图 4-2 所示。浇口类型除了点浇口外的所有模具，都可以选用单分型面模具，应用十分广泛。单分型面注射模根据结构需要，既可以设计成单型腔注射模，也可以设计成多型腔注射模。

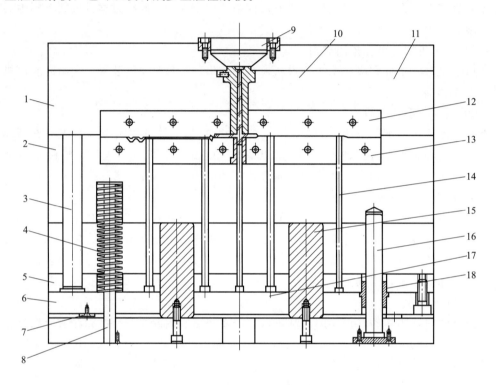

图 4-2　单分型面注射模

1—定模板；2—动模板；3—复位杆；4—弹簧；5—顶出固定板；6—顶出板；7—限位钉；8—弹簧导杆；
9—定位圈；10—主流道衬套；11—定模座板；12—型腔；13—型芯；14—顶杆；15—支承柱；
16—顶板导柱；17—拉料杆；18—顶板导套

（1）工作原理

合模时，在导套和导柱的导向和定位作用下，注射机的合模系统带动动模部分向前移动，使模具闭合，并提供足够的锁模力锁紧模具。在注射液压缸的作用下，塑料熔体通过注射机喷嘴经模具浇注系统进入型腔，待熔体充满型腔并经保压、补缩和冷却定型后开模；开模时，注射机合模系统带动动模向后移动，模具从动模板 2 和定模板 1 的分型面分开，塑件包在动模型芯 13 上随动模一起后移，同时拉料杆 17 将浇注系统主流道凝料从主流道衬套 10 中拉出，开模行程结束，注射机液压顶杆推动推出机构（也称脱模机构）开始工作，顶杆 14 和拉料杆 17 分别将塑件及浇注系统凝料从动模型芯 13 和冷料穴中推出，注射机液压顶杆退回，弹簧 4 使推出机构复位，至此完成一次注射过程。有的模具没有复位弹簧，在合模时，定模板 1 推动复位杆 3 使推出机构复位，模具准备下一次注射。

（2）模具结构特点

① 分流道位置的选择。分流道开设在分型面上，它可单独开设在动模一侧或定模一侧，也可以开设在动、定模分型面的两侧。

② 塑件的留模方式。由于注射机的推出机构一般设置在动模一侧，为了便于塑件推出，塑件在分型后应尽量留在动模一侧。为此，一般将包紧力大的凸模或型芯设在动模一侧，包紧力小的凸模或型芯设置在定模一侧。

③ 拉料杆的设置。为了将主流道浇注系统凝料从模具浇口套中拉出，避免下一次成型时堵塞流道，动模一侧必须设有拉料杆。

④ 导柱的设置。单分型面注射模的合模导柱既可设置在动模一侧，也可设置在定模一侧，根据模具结构的具体情况而定，通常设置在型芯凸出分型面最长的那一侧。需要指出的是，标准模架的导柱一般都设置在动模一侧。

⑤ 推杆的复位。推杆有多种复位方法，常用的机构有复位杆复位和弹簧复位两种形式。

总之，单分型面的注射模是一种最基本的注射模结构，根据具体塑件的实际要求，单分型面的注射模也可增添其他的部件，如嵌件、螺纹型芯或活动型芯等，在这种基本形式的基础上，可演变出其他各种复杂的结构。

4.2.2　双分型面（点浇口式）注射模

双分型面（点浇口式）注射模具的结构特征是有两个分型面，常常用于点浇口浇注系统的模具，也叫三板式注射模具，如图 4-3 所示。在定模部分增加一个分型面 PL2，分型的目

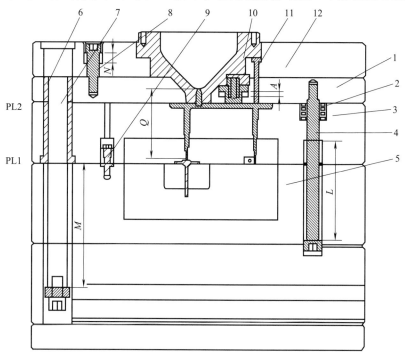

图 4-3　双分型面（点浇口式）注射模

1—推料板；2—弹簧；3—型腔板；4—限位拉杆；5—动模板；6—导套；7—定模导柱；8—定距螺钉；
9—尼龙拉扣；10—定位环；11—拉料杆；12—定模座板；
N—中间板行程；L—型腔板行程；Q—凝料总长度；A—主流道弹簧行程

的是为取出浇注系统凝料，便于下一次注射成型；PL1 分型面为主分型面，分型的目的是开模推出塑件，双分型面注射模具比单分型面注射模具结构复杂。

（1）工作原理

开模时，由于尼龙拉扣 9 锁住型腔板 3 和动模板 5 以及弹簧 2 的作用，模具首先在 PL2 分型面分型，型腔板 3 和动模部分向后移动，点浇口被自动拉断。由于拉杆 11 的作用，分流道凝料留在推料板 1 一侧，当型腔板 3 和动模部分移动一定距离后，固定在推料板 1 上的限位拉杆 4 与型腔板底端接触，PL2 分型面分型结束。动模继续后移，限位拉杆 4 继续拉动推料板 1，推出分流道和主流道凝料，之后定距螺钉 8 作用，推料板停止动作，动模继续后移，型腔板 3 脱离尼龙拉扣 9，此时 PL1 分型面分离，型腔板 3 和动模部分分离，当注射机推杆接触推板后，推出机构开始工作，塑料被顶出。

（2）模具结构特点

① 浇口的形式：三板式模具的浇口一般为点浇口，注射模具的点浇口截面积较小，直径只有 0.5～1.5mm。由于浇口截面积太小，熔体流动阻力太大，浇口不易加工。

② 导柱的设置：三板式点浇口注射模具，在定模一侧要设置拉杆导柱，用于对推料板和型腔板的导向和支承，同时为了对动模部分进行导向，动模部分也要设置导柱。

③ 分型面 PL2 的分型距离 L 应保证浇注系统凝料能顺利脱出，一般 L 的距离为：$L = Q + 40\text{mm}$。

4.3 注塑模具与注射机的关系

模具与注射机

注塑模是安装在注射机上进行注射成型生产的，现代模具设计时，客户一般会提供自己的注射机资料。因此，模具设计者在开始设计模具时，除了必须了解注射成型工艺规程之外，对有关注射机的技术规范和使用性能也应该熟悉。只有这样，才能处理好注射模与注射机之间的关系，使设计出来的注射模能在客户的注射机上安装和使用。

模具设计时，设计者必须根据塑件的结构特点、塑件的技术要求确定模具结构。模具的结构与注射机之间有着必然的联系，模具定位圈尺寸、模板的外围尺寸、注射量的大小、推出机构的设置及锁模力的大小等必须参照注射机的类型及相关尺寸进行设计，否则，模具就无法与注射机合理匹配，注射过程也就无法进行。

4.3.1 根据注射机参数确定型腔数量

型腔数量的确定是模具设计的第一步，型腔数量与注射机的塑化速率、最大注射量及锁模力等参数有关，另外型腔数量还直接影响塑件的精度和生产的经济性。型腔数量的确定方法有很多种，下面介绍根据注射机性能参数确定型腔数量的几种方法。

（1）按注射机的额定塑化速率确定型腔的数量 n

$$n \leqslant \frac{KMt/3600 - m_2}{m_1} \tag{4-1}$$

式中　K——注射机最大注射量的利用系数，一般取 0.8；

　　　M——注射机的额定塑化量，g/h 或 cm^3/h；

　　　t——成型周期，s；

　　　m_2——浇注系统所需塑料质量或体积，g 或 cm^3；

　　　m_1——单个塑件的质量或体积，g 或 cm^3。

（2）按注射机的最大注射量确定型腔数量 n

模具型腔能否充满与注射机允许的最大注射量密切相关。最大注射量是指注射机对空注射的条件下，注射螺杆或柱塞作一次最大注射行程时，注射装置所能达到的最大注射量。设计模具时，应满足注射成型塑件所需的总注射量小于所选注射机的最大注射量，即：

$$nm_1 + m_2 \leqslant Km_n \tag{4-2}$$

式中　n——型腔数量；

m_1——单个塑件的体积或质量，cm^3 或 g；

m_2——浇注系统的体积或质量，cm^3 或 g；

m_n——注射机最大注射量，cm^3 或 g；

K——注射机最大注射量的利用系数，一般取 0.8。

柱塞式注射机的允许最大注射量是以一次注射聚苯乙烯的最大质量（g）为标准的；螺杆式注射机以体积（cm^3）表示最大注射量。

因此按注射机的最大注射量确定的型腔数量 n：

$$n \leqslant \frac{Km_n - m_2}{m_1} \tag{4-3}$$

（3）按注射机的额定锁模力确定型腔数量 n

注射时塑料熔体进入型腔内仍然存在较大的压力，它会使模具从分型面涨开。为了平衡塑料熔体的涨模力，注射机必须提供足够的锁模力，锁紧模具保证塑件的质量。锁模力同注射量一样，也反映了注射机的加工能力，是一个重要参数。涨模力的大小为塑件和浇注系统在分型面上不重合的投影面积之和（$nA_1 + A_2$）乘以型腔的压力 p。它应小于注射机的额定锁模力 F，这样才能使注射时不发生溢料和涨模现象，即满足下式：

$$(nA_1 + A_2)p \leqslant F \tag{4-4}$$

即按注射机的额定锁模力确定的型腔数量 n：

$$n \leqslant \frac{F - pA_2}{pA_1} \tag{4-5}$$

式中　F——注射机的额定锁模力，N；

A_1——单个塑件在模具开模方向上的投影面积，mm^2；

A_2——浇注系统在模具开模方向上的投影面积，mm^2；

p——塑料熔体对型腔的成型压力，其大小一般是注射压力的 80%，MPa。

上述是在客户提供注射机的基础上，由注射机确定型腔数量的基本方法，具体设计时还需要考虑成型塑件的尺寸精度、生产的经济性及注射机安装模板尺寸的大小。如随着型腔数量的增加，塑件的精度会降低（一般每增加一个型腔塑件的尺寸精度便降低 4%～8%），同时模具的制造成本也提高，但生产效率会显著增加。

在客户没有提供注射机型号的情况下，要综合考虑精度、生产的经济性等方面，先初步确定型腔数量，初选注射机，模具设计完成后，再进行校核。

4.3.2　注射机的校核

（1）注射压力的校核

塑料成型所需要的注射压力是由塑料品种、注射机类型、喷嘴形式、塑件形状以及浇注系统的压力损失等因素决定的。对于黏度较大的塑料以及形状细薄、流程长的塑件，注射压力应取大些。由于柱塞式注射机的压力损失比螺杆式大，所以注射压力也应取大些。注射压力的校核是核定注射机的额定注射压力是否大于成型时所需的注射压力。常用塑料精度要求不高时注射成型所需的注射压力经验值见表 4-1。

表 4-1　常用塑料注射成型时所需的型腔压力

塑料品种	低密度聚乙烯	高密度聚乙烯	聚苯乙烯	AS	ABS	聚甲醛	聚碳酸酯
型腔压力/MPa	10～15	20	15～20	30	30	35	40

（2）模具与注射机安装部分相关尺寸的校核

注射模具是安装在注射机上生产的，在设计模具时必须使模具的有关尺寸与注射机相匹配。与模具安装相关的尺寸包括喷嘴尺寸、定位圈尺寸、模具的最大和最小厚度以及模板上的安装螺孔尺寸等。

① 浇口套球面尺寸　设计模具时，浇口套内主流道始端的球面半径必须比注射机喷嘴头部球面半径略大一些，如图 4-4 所示，即 SR 必须比 SR_1 大 1～2mm；主流道小端直径 d 要比喷嘴直径 d_1 略大，即 d 比 d_1 大 0.5～1mm。

② 定位圈尺寸　为了使模具在注射机上的安装准确、可靠，定位圈的设计很关键。模具定位圈如图 4-5 中 4 所示，其外径尺寸必须与注射机的定位孔尺寸相匹配，以保证模具主流道中心线与注

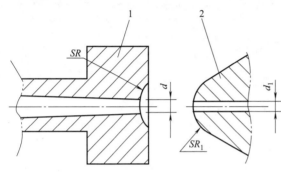

图 4-4　主流道衬套与注射机喷嘴装配尺寸关系
1—主流道衬套；2—注射机喷嘴

射机喷嘴轴线相重合。定位圈与定位孔之间通常采用间隙配合，以保证模具主流道的中心线与注射机喷嘴的中心线重合，一般模具的定位圈外径尺寸应比注射机固定模板上的定位孔尺寸小 0.2mm 以下。中小型模具一般只在定模座板上设置定位圈，而大型模具在定、动模座板上均设置定位圈。

③ 模具的最大、最小厚度　模具的总高度必须位于注射机可安装模具的最大模厚与最小模厚之间。同时应校核模具的外形尺寸，使模具能从注射机的拉杆之间装入，模具模板长宽规格应不超出注射机的拉杆间距。模具通常采取从注射机上方直接吊装入机内的安装，或者先吊到侧面，再由侧面入机内安装的方法，如图 4-6 所示。由图可见，模具的外形尺寸受到拉杆间距的限制。

（3）开模行程的校核

注射机的开模行程是受合模机构限制的，注射机的最大开模距离必须大于脱模距离，否则塑件无法从模具中取出。由于注射机的合模机构不同，开模行程不同，

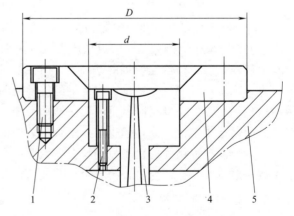

图 4-5　主流道衬套与定位圈关系
1—紧固螺钉；2—浇口套紧固螺钉；
3—浇口套；4—定位圈；5—定模座板

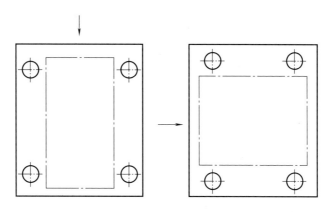

图 4-6　模具模板尺寸与注射机拉杆间距的关系

本处仅以液压和机械联合作用的合模机构为例说明，当注射机采用这种合模机构时，最大开模程度由连杆机构的最大行程所决定，并不受模具厚度的影响。

① 单分型面模具开模行程的校核　对于图 4-7 所示的单分型面注射模，其开模行程可按下式校核：

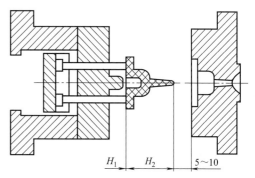

$$s \geqslant H_1 + H_2 + 5 \sim 10 \text{mm} \qquad (4\text{-}6)$$

式中　s——注射机最大开模行程，mm；

　　　H_1——塑料制件所需的顶出距离，mm；

　　　H_2——浇注系统冷料与塑料制件的总高度，mm。

② 双分型面模具开模行程的校核　对于图 4-8 所示的双分型面注射模具，为了取出点浇口冷料，需要在开模距离中增加定模板与中间板之间的分开距离 a，a 的大小应保证方便地取出浇注系统的冷却，此时开模行程可按下式校核：

图 4-7　单分型面注射模开模行程校核

$$s \geqslant H_1 + H_2 + a + 5 \sim 10 \text{mm} \qquad (4\text{-}7)$$

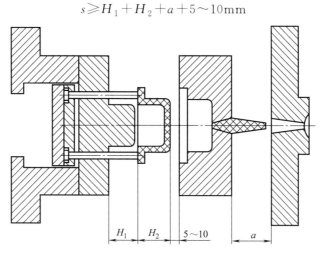

图 4-8　双分型面注射模开模行程校核

任务实施

（1）分析电器下盖适用的模具类型

该塑件外形尺寸不大，考虑到客户指定一模两腔关系，以及制造费用和各种成本费等因素，所以定为一模两腔的平衡布局结构形式。

从上面的分析可知，本模具设计为一模两腔。塑件内部中间有六个螺钉孔，而且顶出阻力主要集中于塑件四周侧壁，因此可以采用推管顶出等常规的顶出结构。

由于该塑件浇口不允许设在产品外表面，所以浇口考虑设计在产品内表面的潜伏式浇口。

综合分析可确定为单分型面模具结构。

（2）选用校核注射机

① 注射量的计算　通过三维软件建模设计分析计算得

塑件体积：$V_{塑} = 23.33\text{cm}^3$

塑件质量：$m_{塑} = \rho V_{塑} = 1.06 \times 23.33 = 24.73$（g）

电器下盖的材料为 ABS，因此式中的 ρ 取 1.06g/cm^3。

② 加上浇注系统凝料的总质量的初步估算　浇注系统的凝料在设计之前是不能准确确定的数值，但是可以根据经验按照塑件质量的 $0.2 \sim 1$ 倍来计算。由于本次采用的是两点进浇，分流道简单并且较短，因此浇注系统的凝料按塑件质量的 0.2 倍来估算，估算一次注入模具型腔塑料的总质量（即浇注系统的凝料＋塑件质量之和）为：

$$m_{总} = 2m_{塑} \times (1 + 0.2) = 2 \times 24.73 \times 1.2 = 59.35\text{(g)}$$

③ 选择注射机　根据第二步计算得出一次注入模具型腔的塑料总质量为 59.35g，要与注塑机理论注射量的 0.8 倍相匹配，这样才能满足实际注塑的需要。注塑机的理论注射量为：

$$m_{注射机} = m_{总} / 0.8 = 59.35 / 0.8 = 74.19$$（g）

本教材中选用的是海天 HTF 系列注射机，规格及基本参数见书后附表 1。因此初步选定型号为 HTF120/TJA 型螺杆卧式注射机，其主要技术参数见表 4-2。

表 4-2　注射机主要技术参数

理论注射容量/g	157	开模行程/mm	350
螺杆直径/mm	36	最大模具厚度/mm	430
注射压力/MPa	197	最小模具厚度/mm	150
注射速率/(mm/s)	121	顶出行程/mm	120
锁模力/kN	1200	顶出力/kN	33
拉杆内间距/mm	410×410	最大油泵压力/MPa	16

④ 注射机相关参数的校核

a. 注射压力校核。ABS 所需的注射压力为 $80 \sim 110\text{MPa}$，这里取 $p_0 = 100\text{MPa}$，该注射机的公称注射压力 $p_{公} = 197\text{MPa}$，注射压力安全系数 $k_1 = 1.25 \sim 1.4$，这里取 $k_1 = 1.4$，则：

$$k_1 p_0 = 1.4 \times 100\text{MPa} = 140\text{MPa} < p_{公}$$

所以，注射机注射压力合格。

b. 锁模力校核。塑件在分型面上的投影面积 $A_{塑}$，通过 3D 软件计算出投影面积为：

$$A_{塑}=8854\text{mm}^2$$

浇注系统在分型面上的投影面积，因为该塑件分流道面积小，投影面积不是很大，可以忽略不计，所以

$$A_{总}=A_{塑}=8854\text{mm}^2$$

c. 模具型腔内的熔料压力 $F_{胀}$ 为

$$F_{胀}=A_{总}\,p_{模}=2\times8854\times40\text{N}=708320\text{N}=708.32\text{kN}$$

式中，$p_{模}$ 为型腔的平均计算压力值。$p_{模}$ 通常取注射压力的 $20\%\sim40\%$，大致范围为 $37\sim74\text{MPa}$。对于黏度较大、精度较高的塑件应取较大值。ABS 属于中等黏度塑料及有精度要求的塑件，$p_{模}$ 取 40MPa。

查表 4-2 可得该注射机的公称锁模力 $F_{锁}=1200\text{kN}$，锁模力安全系数为 $k_2=1.1\sim1.2$，这里取 $k_2=1.2$，则

$$k_2F_{胀}=1.2F_{胀}=708.32\times1.2\text{kN}=850\text{kN}<F_{锁}$$

所以，注射机锁模力合格。

其他项目的校核在模具设计完成后再进行。

拓展训练

对实训室的两个注塑模具进行观察，并进行拆装、装配。确定模具的结构类型和工作原理，通过拆装了解掌握这两个模具的组成零部件。

（1）分析工作原理

垫圈注塑模原理动画　　　　齿轮注塑模原理动画

（2）拆装模具

垫圈注塑模拆卸　　垫圈注塑模装配　　齿轮注塑模拆卸　　齿轮注塑模装配

总结与思考

1. 注射模由哪几个机构组成？
2. 注射模都有哪些主要零部件？

项目二
模具结构设计

任务五　成型零件设计

能力目标

　　具有确定型腔的数量、排列方式及在模具中的位置的能力；具有确定成型零件的结构及材料、表面粗糙度等的能力。

知识目标

　　掌握型腔数目确定的要点和分型面的选择原则。
　　掌握凸、凹模的结构类型、技术要求。

任务导入

　　在进行了概念设计后，就要开始进行模具的结构设计了。注塑模的结构根据各零件所起作用细分为：成型零件、模架、浇注与排气系统、导向与定位机构、脱模机构、温度调节系统、分型与抽芯机构及其他结构件。

　　成型零件是模具结构设计的第一步，后续设计都在成型零件设计基础上完成，因此，成型零件设计是结构设计的关键环节。本任务将完成电器下盖的成型零件设计。

■ **教学案例展示**

　　成型零件设计

成型零件设计

■ **相关知识**

5.1　成型零件概述

5.1.1　成型零件定义

　　成型零件是注塑模生产时用来填充塑料熔体、构成型腔的零件，在模具中直接决定塑件几何形状、表面粗糙度和尺寸。成型零件包括凹模（型

成型零件概要

腔）、型芯、镶块、成型杆、成型环等。型腔是成型塑件外表面的零件，型芯是成型塑件内表面的零件。如图 5-1 所示。

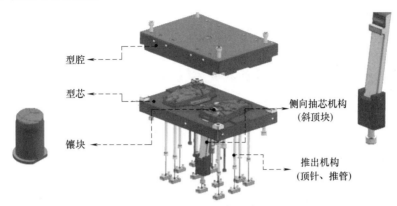

型腔

型芯

镶块

侧向抽芯机构
（斜顶块）

推出机构
（顶针、推管）

图 5-1　成型零件组成

5.1.2　成型零件的技术要求

成型零件设计时有以下的技术要求。

① 要求结构合理，有正确的几何形状。

② 较高的尺寸精度和较低的表面粗糙度值。

③ 制作材料要求具备足够的强度、刚度和耐磨性能（成型零件与高温高压的塑料直接接触，受高速料流的冲刷，并在脱模时与塑件发生摩擦磨损）。

成型零部件的设计要素主要包括三部分：结构设计、尺寸设计、材料设计。应根据塑料的性能和塑件的形状、尺寸及其他使用要求，设计成型零件的总体结构、尺寸等。

5.2　收缩率计算及确定主脱模方向

5.2.1　收缩率的影响因素

塑料件在模塑成型后会有很大程度的收缩，塑件成型后的收缩率与塑料的品种、塑件的形状、尺寸、壁厚、模具的结构、成型工艺条件等很多因素有关。

收缩率与
主脱模方向

（1）成型工艺对塑料制品收缩率的影响

① 成型温度不变，注射压力增大，收缩率减小。

② 保持压力增大，收缩率减小。

③ 熔体温度提高，收缩率有所降低。

④ 模具温度高，收缩率增大。

⑤ 保压时间长，收缩率减小，但浇口封闭后不影响收缩率。

⑥ 模内冷却时间长，收缩率减小。

⑦ 注射速度高，收缩率略有增大倾向，影响较小。

⑧ 成型收缩大，后收缩小。后收缩在开始两天大，一周左右稳定。柱塞式注射机成型收缩率大。

（2）塑料结构对制品收缩率的影响

① 厚壁塑件比薄壁塑件收缩率大（但大多数塑料 1mm 薄壁制件反而比 2mm 收缩率大，这是由于熔体在模腔内阻力增大的缘故）。

② 塑件上带嵌件比不带嵌件的收缩率小。

③ 塑件形状复杂的比形状简单的收缩率要小。

④ 塑件高度方向一般比水平方向的收缩率小。

⑤ 细长塑件在长度方向上的收缩率小。

⑥ 塑件长度方向尺寸的收缩率比厚度方向尺寸的收缩率小。

⑦ 内孔收缩率大，外形收缩率小。

（3）模具结构对塑料制品收缩率的影响

① 浇口尺寸大，收缩率减小。

② 垂直的浇口方向收缩率减小，平行的浇口方向收缩率增大。

③ 远离浇口比近浇口的收缩率小。

④ 有模具限制的塑件部分的收缩率小，无限制的塑件部分的收缩率大。

（4）塑料性质对制品收缩率的影响

① 结晶态塑料收缩率大于无定形塑料。

② 流动性好的塑料，成型收缩率小。

③ 塑料中加入填充料，成型收缩率明显下降。

④ 不同批量的相同塑料，成型收缩率也不相同。

5.2.2　收缩率计算

对于成型零件上直接用以成型塑料制品部分的尺寸，常称为成型零件的工作尺寸。主要包括：型腔和型芯的径向尺寸、型腔的深度尺寸和型芯的高度尺寸、型芯和型芯之间的位置尺寸、中心距等，如图 5-2 所示。成型零件工作尺寸必须进行收缩率的计算，成型零件工作尺寸＝塑件尺寸＋塑件收缩的尺寸，见表 5-1。塑件公差 Δ 按实际生产的公差等级要求查表可得，模具制造公差 δ_z 一般选 IT6～IT8 级，也可按经验值 $\delta_z = \Delta/4 \sim \Delta/3$。

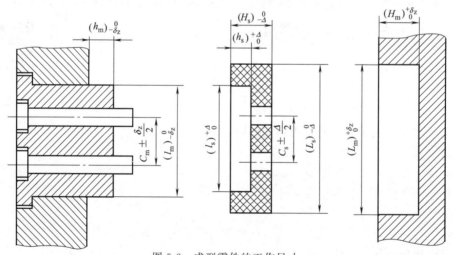

图 5-2　成型零件的工作尺寸

表 5-1　成型零件工作尺寸计算

项目	型腔尺寸	型芯尺寸
径向尺寸	$L_m = L_s + L_s S_{cp}$	$l_m = l_s + l_s S_{cp}$
高度、深度尺寸	$H_m = H_s + H_s S_{cp}$	$h_m = h_s + h_s S_{cp}$
中心距	$C_m = C_s + C_s S_{cp}$	$C_m = C_s + C_s S_{cp}$
孔边距、型芯中心到边尺寸	$L_m = L_s + L_s S_{cp}$	

注：1. 由于收缩率的影响因素比较多，计算时常取平均收缩率：

$$S_{cp} = (S_{max} + S_{min})/2 \qquad （不同塑料收缩率不同）$$

　　2. 由于近年来模具三维设计软件的普及使用，收缩率计算由软件中的功能完成，不用每个尺寸进行人工换算。

5.2.3　主脱模方向的确定

如图 5-3 所示的模具坐标系中，指向喷嘴的 ZC 正向方向的，称为主脱模方向。

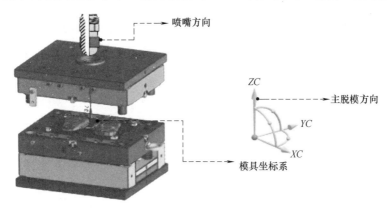

图 5-3　主脱模方向

① 对于简单盖类或平面类塑件，选择底平面法向作为主脱模方向。

② 当产品有加强筋、卡扣、凸起、安装孔等结构时，尽可能设计成与开模方向一致，以避免抽芯减少拼缝线，延长模具寿命。

③ 对于复杂塑件，现在常采用三维设计软件进行辅助分析，通过分析→形状→拔模的方式分析出来一个拔模方向，保证产品脱模均匀，对插面均匀。

5.3　型腔布置

型腔布置

5.3.1　型腔数量

有的模具一模成型很多塑件，称多型腔；有的只成型一个塑件，称单型腔。

（1）单型腔和多型腔优缺点比较

① 单型腔形状、尺寸一致性好。而多型腔由于制造上的误差，使塑件的形状尺寸公差有差别。

② 单型腔只根据一个塑件调整工艺条件，工艺参数易控制。而多型腔模具即使制造尺寸完全一致，因模具上的各处温度、压力不同，造成性能和尺寸也不能完全一致。

③ 单型腔模具结构简单、设计自由度大，制造成本低，制造周期短，但产量低。

④ 多型腔适宜大批量生产，生产效率高，生产成本低。

（2）确定型腔数目的要点

① 制件的批量和交货周期：批量大，交货周期短，需要多型腔模具。

② 塑件质量控制（精度）要求：由于型腔制造误差和成型工艺误差的影响，每增加一个型腔，塑件尺寸精度就降低 $4\%\sim8\%$，所以多型腔模具不能生产高精度塑件。如精度要求高，需一模一腔。

③ 塑料品种、形状、尺寸：如黏度高，流道应不宜过长；形状复杂带侧抽芯等机构不能设计多型腔；不能使模具尺寸太大等。

④ 塑料制件的成本（经济效益）：从图 5-4 中看出，塑件数量为 8 件时，总制件成本最低。

⑤ 注射机的额定注射量及锁模力：如果厂家提供设备，要考虑设备的大小是否满足锁模力、注射量、模具尺寸、成型周期等的要求。

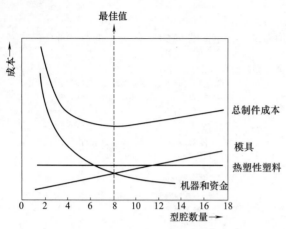

图 5-4 与型腔数量有关的总制件成本

⑥ 保养和维修因素：型腔数量越多，模具损坏和发生故障的概率越高，有问题必须及时处理，否则会大大增加废品率。

5.3.2 型腔的布局

型腔布局即将制件排样，是指根据模具设计要求，将需要成型的一种或多种制件按照合理的注塑工艺、模具结构要求进行排列。制件排样与模具结构、塑制工艺性相辅相成，并直接影响着后期的注塑工艺，排样时必须考虑相应的模具结构，在满足模具结构的条件下调整排样。型腔布局原则如下。

（1）保证模具的压力平衡和温度平衡原则

原则上一副模具应成型同一尺寸及精度要求相同的制件，但也有套装式塑件可在同一副模具上成型的情况，但要注意应尽量将制件对称排位，防偏载产生溢料，如图 5-5 所示。

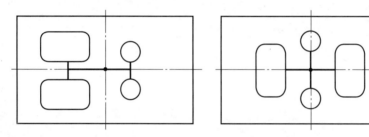

图 5-5 制件对称排位

型腔布局还要考虑侧向压力，使左右侧向压力平衡。如图 5-6、图 5-7 所示。

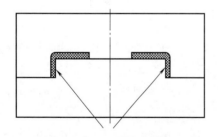

图 5-6 左右对称侧向力平衡

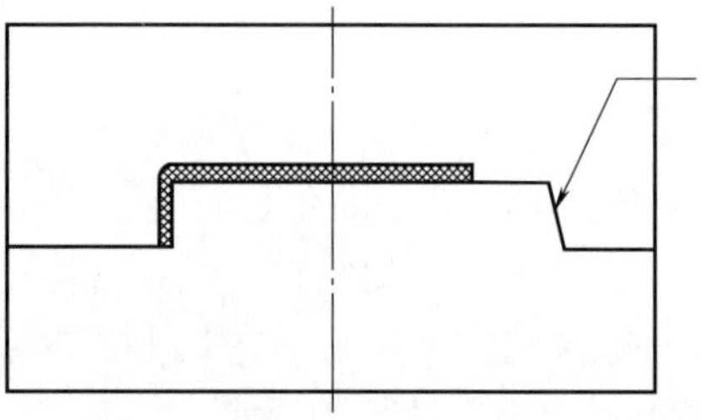

图 5-7 增加斜面锁紧平衡侧向压力

（2）浇口位置统一原则

一模多腔中，相同制品要从相同位置进浇。复杂形状制件无法对称排位的应对角排位，如图 5-8 所示，对角排位又称为鸳鸯模。

（3）进料平衡原则

型腔及浇口布置应尽量平衡式布置，即从主流道到各型腔距离相等。图 5-9 列出了多型腔模具型腔布局的几则实例，图 5-9（a）～（c）为平衡式，

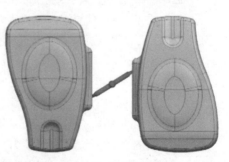

图 5-8 对角排位

图 5-9 (d)～(f) 为非平衡式。

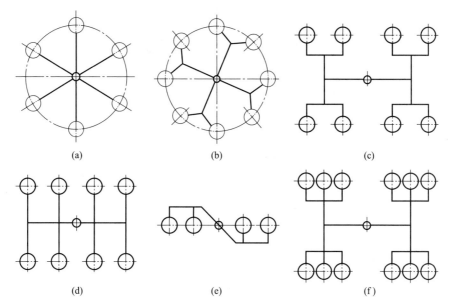

图 5-9 型腔布局

当制件较小，一模腔数较多时，为避免浇注系统凝料太多，可以采用非平衡式代替平衡式，如图 5-10 所示。

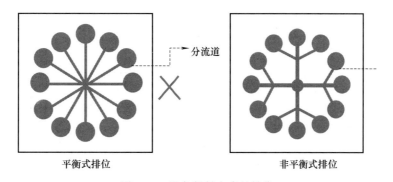

图 5-10 避免凝料太多的排位

（4）分流道尺寸最短原则

如图 5-11 所示，分流道越短，凝料越少，熔体在分流道内压力和温度损失越小，成型周期越短。

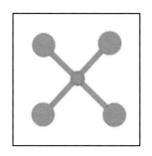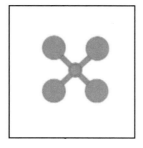

图 5-11 分流道尺寸最短

（5）成型零件尺寸最小原则

如图 5-12 所示，可使型腔排列紧凑，减轻模具质量，节约模具钢材，并可配备更小型的注射机。

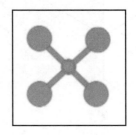

图 5-12 成型零件尺寸最小

5.4 分型面设计

5.4.1 分型面组成

模具上用以取出塑件和浇注系统凝料的可分离的接触表面称为分型面，

分型面设计

也叫合模面。英文名称 Parting line，简称 PL 线或 PL 面。注射模有的有一个分型面，有的有多个。取出塑件的叫主分型面，其余叫辅分型面。如图 5-13 所示，Ⅱ 为主分型面，Ⅰ 为辅分型面。

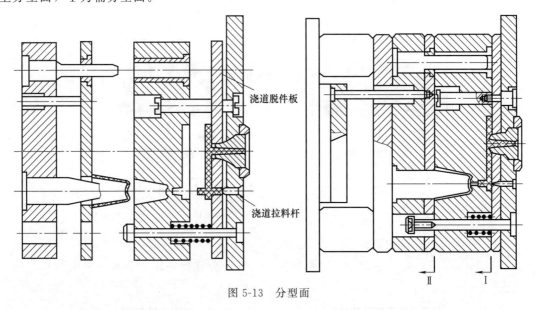

图 5-13 分型面

实际的模具设计中，完整的分型面如图 5-14 所示，包括定位面、封胶面、承压面，有的模具中还设计排气槽和撬模位。

5.4.2 分型面的设计原则

分型面的设计将直接决定模具的结构、模具加工难度和设计制造的费用，设计时应力求简单，模具成本低。

（1）从产品要求考虑

① 分型面要取在塑件的最大截面处，这是分型面选择的首要原则，分型面在塑件外形

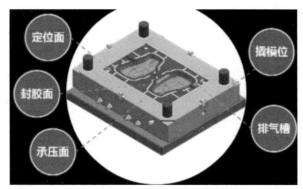

图 5-14 分型面组成

最大轮廓处，有利于塑件脱模。根据塑件的总体形状，分型面可大致分为五种类型，如图 5-15 所示，图 5-15（a）为水平分型面，图 5-15（b）为倾斜分型面，图 5-15（c）为阶梯分型面，图 5-15（d）为曲面分型面，图 5-15（e）为瓣合分型面。

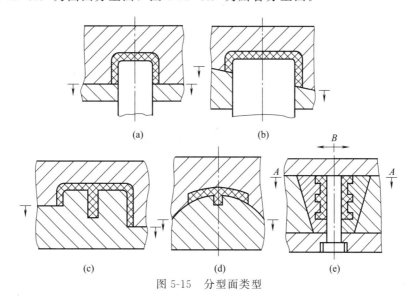

图 5-15 分型面类型

② 满足塑件的外观质量要求。选择分型面时应避免对塑件的外观质量产生不利的影响，同时需考虑分型面处所产生的飞边是否容易修整清除，当然，在可能的情况下，应避免分型面处产生飞边。如图 5-16 所示的塑件，按 PL1 分型，圆弧处产生的飞边不易清除且会影响塑件的外观；若按 PL2 分型，则所产生的飞边易清除且不影响塑件的外观。

③ 有利于排气。分型面应尽量与型腔充填时塑料熔体的料流末端所在的型腔内壁表面重合，如图 5-17 所示。PL2 面更有利于排气。

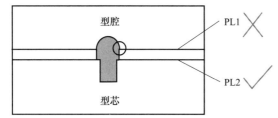

图 5-16 分型面位置影响外观质量

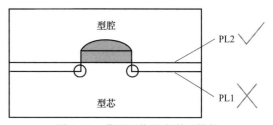

图 5-17 分型面位置有利于排气

（2）从模具性能考虑

① 有利于脱模原则。通常分型面的选择应尽可能使塑件在开模后留在动模一侧，这样有助于动模内设置的推出机构动作，否则在定模内设置推出机构往往会增加模具整体的复杂性。如图 5-18 所示塑件。分型面的表示方法为，短粗线段加一法向箭头，箭头指向动模方向。通过分型面的表示方法，可以清楚地表示出分型面及动定模的位置。

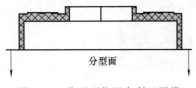

图 5-18　分型面位置有利于脱模

② 简化模具结构原则。如图 5-19 所示，当塑件必须侧向抽芯时，为保证侧向型芯的放置容易及抽芯机构的动作顺利，选定分型面时，应以浅的侧向凹孔或短的侧向凸台作为抽芯方向，将较深的凹孔或较高的凸台放置在开合模方向，并尽量把侧向抽芯机构设置在动模一侧。

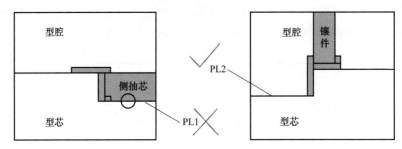

图 5-19　分型面位置尽量避免侧抽芯

（3）从有利于模具成型零件的加工制造考虑

① 避免尖角原则。如图 5-20 所示，R 角应尽量大。一是减少应力集中，二是可以采用 CNC 直接加工出分型面，减少电加工工序。

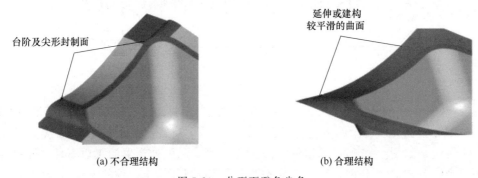

(a)不合理结构　　　　(b)合理结构

图 5-20　分型面避免尖角

② 便于模具加工制造原则。应尽量选择平直分型面或易于加工的分型面。如图 5-21 所示的塑件，按左图分型，型芯和型腔加工均很困难；若按右图采用的分型面，则加工较容易。

（4）从注射成型及注射机方面考虑

① 开模行程最短原则。在锁模力满足的情况下，减少开模行程，可以提高生产效率。

② 锁模力最小原则。尽量减少塑件在分型面上的投影面积，如图 5-22 所示角尺型塑件，按左图分型，塑件在合模分型面上的投影面积较大，锁模的可靠性较差；而若采用右图分型，塑件在合模分型面上的投影面积比左图小，保证了锁模的可靠性。

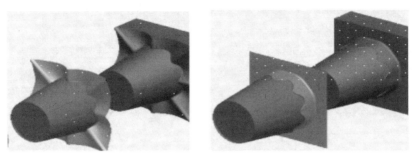

图 5-21　便于模具加工制造

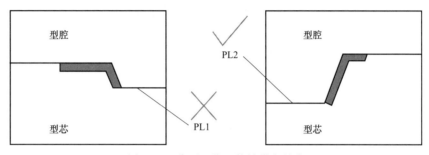

图 5-22　分型面位置使锁模力最小

5.5　型腔和型芯设计

5.5.1　型腔结构设计

凹模的结构随着塑件形状、成型需求、模具加工装配等工艺要求而变化，主要有两种形式，即整体式凹模、组合式凹模。

型腔和型芯设计

（1）整体式凹模

整体式凹模在整块模板上加工而成，如图 5-23 所示。结构牢固、不易变形、塑件质量好，无拼接线痕。但加工困难，热处理不便。适用形状简单的或形状复杂但凹模可用电火花和数控加工的中小型塑件。

图 5-23　整体式凹模

（2）组合式凹模

随着标准模架的渐渐普及，现在模具的凹模都单独由优质金属材料加工成并镶入模套中。对比整体式凹模，组合式凹模有如下特点：利用标准模架，加工换型方便；便于机加工、维修、抛光、研磨、热处理以及节约贵重模具钢材。

① 整体嵌入式凹模　整体嵌入式是指在模板中安装整块内模镶件，适用于塑件尺寸较小的多型腔模具，更换方便。

模具的内模镶块也称为模仁，如图 5-24 所示。这种模具成型零件的设计大部分指的就是模仁的设计，模仁设计包括尺寸设计和装配结构设计。

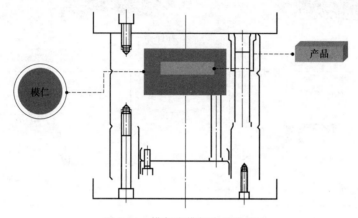

图 5-24　模仁在模架中的位置

a. 模仁外部尺寸的设计　前面收缩率部分已经介绍了成型零件内部工作部分的尺寸，这里不再重复，只说明模仁外部尺寸的设计。

模塑成型过程中，型腔板受到塑料熔体的高压会产生一定的内应力及变形。若型腔侧壁或底板壁厚不够，当内应力超过材料的许用应力时，型腔会因强度不够而破裂。若型腔板刚度不足也会发生过大的弹性变形，因此导致溢料、影响塑件尺寸和精度、脱模困难。因此模仁壁厚和模架壁厚，底板厚都要为满足强度要求而合理设计。模架和底板厚在任务六模架设计中讲述，本处仅说明模仁壁厚设计的常用经验值。

模仁尺寸设计常采用经验法设计。

a）一模一腔时，模仁壁厚尺寸：一模一腔时，模仁两侧壁厚如图 5-25（a）所示，尺寸为 A，A 值要大于 15mm，一般取 25mm。模仁两侧壁厚与塑件的尺寸有关，塑件越大，模仁壁越厚。一般经验取值如表 5-2 所示。

表 5-2　模仁两侧壁厚的经验取值

塑件尺寸/mm	A 值/mm	塑件尺寸/mm	A 值/mm
小于 50	15	250～400	40
50～100	20	400～650	50
100～150	25	650～800	60
150～250	30		

b）一模多腔时，模仁长宽尺寸：如图 5-25（b）所示，A 值同图 5-25（a），当两产品之间通过流道时 B 值取 20～40mm，当两产品间不通过流道时 B 值常取 15～25mm。

c）特殊情况下，模仁长宽尺寸：当出现如图 5-26 所示的情况时，B 值常取30～50mm。

图 5-26（a）为当模具采用潜伏式浇口时，应留有足够的浇口位置和推杆位置；

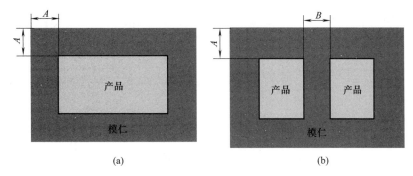

图 5-25 模仁壁厚尺寸

图 5-26（b）为当塑件尺寸较大，尤其高度较高时，腔体深度大于 50mm；
图 5-26（c）为当塑件尺寸较大时，模套采用通体形式。

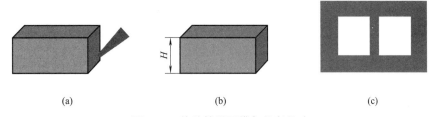

图 5-26 特殊情况下模仁长宽尺寸

d）模仁高度尺寸：对于中小型模具，型腔底部到定模仁底部的高度一般取 25mm，定模仁高度尽量小，以减小流道长度。动模仁部分底部厚度一般取 30mm 以上。

注意事项：设计模仁时还要充分考虑其他方面的影响，如要满足模具整体结构要求、封胶要求，考虑顶出位置的影响、冷却水道的布置等，另外模仁的长宽比例也要适中。

b. 整体嵌入式凹模与模套的安装方式 图 5-27（a）、（b）为反装式，利用台阶固定，有支撑板。图 5-27（b）为了防转加了销钉定位，因此只需要较松的过渡配合（H7/js6）就可。

图 5-27（c）、（d）为正装式，安装方便，节省支撑板。为防止模仁脱出，图 5-27（c）要采用较紧过渡配合（H7/n6），也可以如图 5-27（d）用螺钉直接固定。

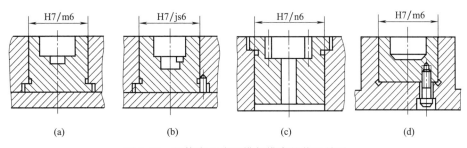

图 5-27 整体嵌入式凹模与模套的装配关系

② 局部镶拼式凹模 对于型腔的某些部位，为了加工方便，或对特别容易磨损、需要经常更换的，可将该局部做成镶件，再嵌入凹模，如图 5-28 所示的各种结构。

③ 大面积镶拼凹模 凹模由许多拼块镶制组合而成，根据镶拼方式的不同可分为：底部镶拼式、四壁拼合式、多件镶拼式、瓣合式。

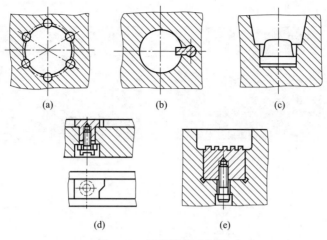

图 5-28 局部镶拼式凹模

a. 底部镶拼式凹模：凹模做成通孔形式再镶上底部。

为了便于机械加工、研磨、抛光和热处理，形状复杂的型腔底部可以设计成镶拼式，如图 5-29 所示各种结构。

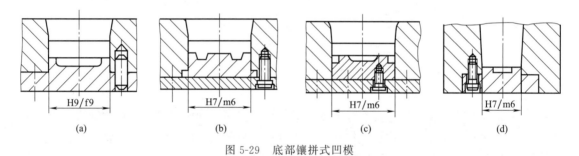

图 5-29 底部镶拼式凹模

结构特点：强度、刚度较差，底部易造成飞边（注意结构设计，防止垂直于脱模方向的飞边产生）。

适用范围：形状复杂或较大的型腔。

b. 四壁拼合式凹模：大型和形状复杂的凹模，把凹模四壁和底部都做成拼块，分别加工研磨后压入模套中，侧壁间用锁扣连接。如图 5-30 所示的各种结构。

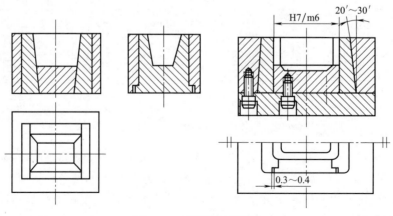

图 5-30 四壁拼合式凹模

优点：便于加工、利于淬透、减少热处理变形、节省模具钢材。

适用范围：形状复杂或大型凹模。

c. 多件镶拼式凹模：凹模也可以采用多镶块组合式结构，根据型腔的具体情况，在难以加工的部位分开，这样就把复杂的型腔内表面加工转化为镶拼块的外表面加工，而且容易保证精度。

d. 瓣合式凹模（哈夫模）：凹模由两瓣或多瓣组合而成，成型时瓣合，开模时瓣开。

适用于侧壁带凸、凹形状的塑件。一般由对拼镶块＋定位销＋模套组成。

按瓣的组合形式分为即圆锥形组合式凹模和矩形组合式凹模。

5.5.2　型芯结构设计

型芯总体分为两大类，即主型芯和小型芯。主型芯是指成型塑件中较大的主要内型的成型零件；小型芯是成型塑件上较小孔的成型零件。

（1）主型芯的结构

主型芯按结构可分为整体式和组合式两种。

① 整体式如图 5-31 所示。

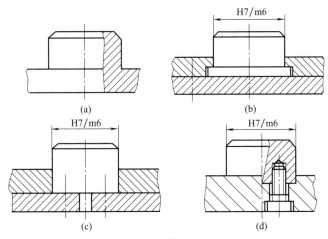

图 5-31　整体式主型芯

适用范围：形状简单的型芯。其中图 5-31（a）消耗贵重金属多，不便加工；图 5-31（b）～（d）可节省贵重模具钢。

② 为了便于加工，形状复杂的型芯往往采用镶拼组合式结构，如图 5-32 所示。

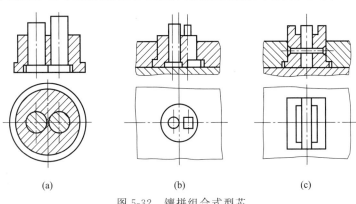

图 5-32　镶拼组合式型芯

组合式型芯的优缺点和组合式凹模的基本相同。设计和制造这类型芯时，必须注意结构合理，应保证型芯和镶块的强度，防止热处理时变形，应避免尖角与薄壁。图 5-32（a）中的小型芯靠得太近，热处理时薄壁部位易开裂，应采用图 5-32（b）的结构，将大的型芯制成整体式，再镶入小的型芯。图 5-32（c）的结构中有两处长方形凹槽，如采用整体结构，难以排气，用这种三块镶块分别加工后铆钉铆合，就可避免产生上述缺陷。

（2）小型芯的结构

小型芯成型塑件上的小孔或槽。小型芯单独制造，再嵌入模板中。图 5-33 为小型芯常用的几种固定方法。

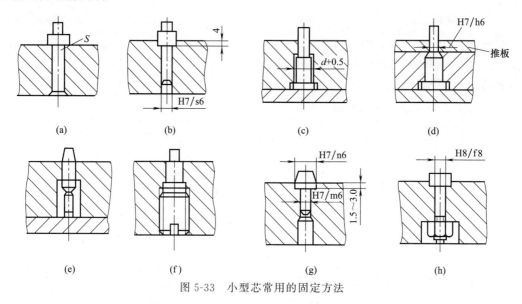

图 5-33 小型芯常用的固定方法

对于异形型芯，为了制造方便，常将型芯设计成两段，型芯的连接固定段制成圆形，并用凸肩和模板连接，如图 5-34（a）所示；也可以用螺钉紧固，如图 5-34（b）所示。

多个互相靠近的小型芯，用凸肩固定时，如果凸肩发生重叠干涉，可将凸肩相碰的一面磨去，将型芯固定板的台阶孔加工成大圆台阶孔或长腰圆形台阶孔，然后再将型芯镶入，如图 5-34（c）、（d）所示。

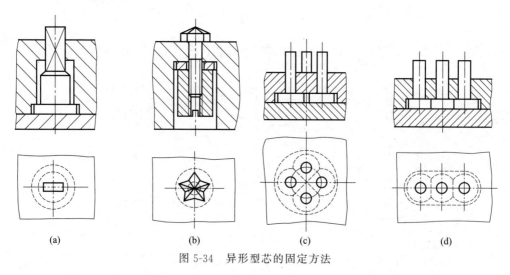

图 5-34 异形型芯的固定方法

■ 任务实施

电器下盖成型零件设计：本任务继续选用本课程的贯穿案例来培养学生模具设计步骤中相应的设计能力。

（1）分析型腔布置

该塑件外形尺寸不大，考虑到客户指定一模两腔关系，以及制造费用和各种成本费等因素，所以定为一模两腔的平衡布局结构形式，如图 5-35 所示。

（2）确定分型面

产品分型线部分有凹槽，因此分型面不是平面结构。通过对塑件结构形式的分析，根据分型面选择原则，分型面应选在产品截面积最大的位置，其具体分型面位置如图 5-36 所示。

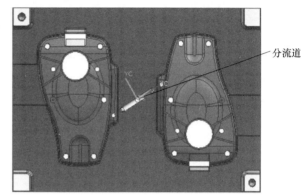

分流道

图 5-35　平衡布局

（3）成型零件结构设计

① 型腔的结构设计　型腔是成型塑件的外表面的成型零件。按凹模结构的不同可将其分为整体式、整体嵌入式、组合式和镶拼式四种。本设计中采用整体嵌入式凹模结构。型腔的主体采用整体嵌入式结构，如图 5-37 所示。

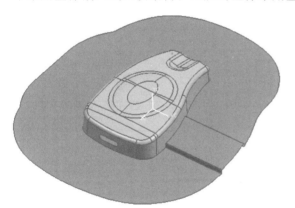

图 5-36　分型面位置

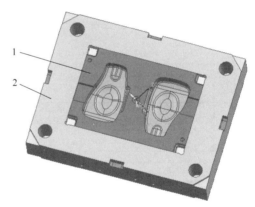

图 5-37　型腔整体嵌入式结构
1—镶块；2—定模板

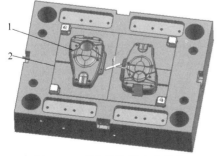

图 5-38　型芯整体嵌入式结构
1—镶块；2—动模板

② 型芯件的结构设计　型芯是成型塑件内表面的成型零件，通常可以分为整体式和组合式两种类型。通过对塑件的结构分析，本设计中采用整体嵌入式与局部镶拼式结合。主要分型面采用整体嵌入式结构，如图 5-38 所示。而在塑件的中心处有一大圆环及四条加强筋，成型时易产生困气，因此采用局部镶块形式，便于排气也方便加工及更换型芯小镶件，镶块的结构形式如图 5-39 所示，采用台肩形状镶在定模镶块内，由于下面有动模板，因此不需

要螺钉固定。

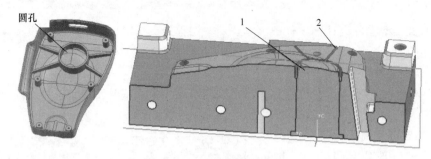

图 5-39　型芯局部镶拼结构

1—小型芯镶块；2—型芯整体镶块

③ 模仁的外形尺寸　塑件的长×宽＝130mm×85mm，一模两腔。型腔侧面分别留25mm 壁厚，潜伏式浇口，两腔之间距离留 40mm，则模仁外形尺寸可得：长×宽＝180mm×260mm。

■ 知识拓展

前面介绍的成型零件工作尺寸计算只考虑到收缩率的影响，对于有精度要求的塑件，成型零件工作尺寸还应该考虑到公差的计算和标注。

（1）有精度要求的型腔和型芯工作尺寸的计算

① 型腔径向尺寸的计算　塑件尺寸及公差标注符号如图 5-40 所示。

型腔与塑件尺寸的关系如图 5-41 所示。

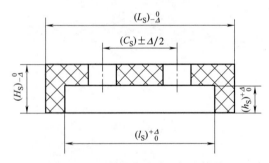

图 5-40　塑件尺寸及公差标注符号

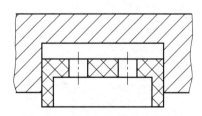

图 5-41　型腔与塑件尺寸的关系

前面介绍的只考虑到收缩率时型腔的计算公式是：

$$L_M = L_S + L_S S_{cp}$$

当考虑到公差时，由于在一般情况下，模具制造公差、磨损和成型收缩率波动是影响塑料制品公差的主要因素，所以计算工作零件尺寸时主要考虑以上三项因素进行计算。

计算方法如下：

$$[(L_M + \delta_z) + (L_M + 0)]/2 + (\delta_c + 0)/2 = [(L_S + 0) + (L_S - \Delta)]/2 \times (1 + S_{cp})$$

$$L_M = L_S(1 + S_{cp}) - (\delta_z + \delta_c + \Delta)/2 - S_{cp}\Delta/2 \text{（忽略微小项 } S_{cp}\Delta/2)$$

式中　δ_z——模具制造公差；

　　　δ_c——模具的磨损范围；

　　　Δ——塑件公差；

S_{cp}——塑件的平均收缩率。

塑件的公差等级由设计人员和客户协商确定，通过查表得到公差值。经验上常取 $\delta_z=\Delta/3$，$\delta_c=\Delta/6$，可得到制造公差值，标注制造公差，得

$$L_M{}^{+\delta_z}_{0}=(L_S+L_S S_{cp}-3\Delta/4)^{+\delta_z}_{0}$$

② 型腔深度尺寸的计算

$$[(H_M+\delta_z)+(H_M+0)]/2=[(H_S+0)+(H_S-\Delta)]/2\times(1+S_{cp})$$

$H_M=H_S(1+S_{cp})-(\delta_z+\Delta)/2-S_{cp}\Delta/2$，忽略微小项 $S_{cp}\Delta/2$，取 $\delta_z=\Delta/3$，标注制造公差，得

$$H_M{}^{+\delta_z}_{0}=(H_S+H_S S_{cp}-2\Delta/3)^{+\delta_z}_{0}$$

③ 型芯径向尺寸的计算 如图 5-42 所示。

同型腔的计算方法，得

$$l_M{}^{0}_{-\delta_z}=[(l_S+l_S S_{cp}+(\delta_z+\delta_c+\Delta)/2]^{0}_{-\delta_z}$$

取 $\delta_z=\Delta/3$，$\delta_c=\Delta/6$，标注制造公差，得

$$l_M{}^{0}_{-\delta_z}=(l_S+l_S S_{cp}+3\Delta/4)^{0}_{-\delta_z}$$

④ 型芯高度尺寸的计算 同型腔的计算方法，得

$$h_M{}^{0}_{-\delta_z}=[(h_S+h_S S_{cp}+(\delta_z+\Delta)/2]^{0}_{-\delta_z}$$

取 $\delta_z=\Delta/3$，标注制造公差，得

$$h_M{}^{0}_{-\delta_z}=(h_S+h_S S_{cp}+2\Delta/3)^{0}_{-\delta_z}$$

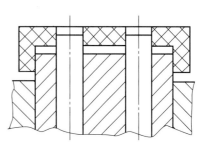

图 5-42 型芯与塑件尺寸的关系

⑤ 中心距的计算

$$[(C_M+\delta_z/2)+(C_M-\delta_z/2)]=[(C_S+\Delta/2)+(C_S-\Delta/2)](1+S_{cp})$$

标注制造公差，得： $C_M\pm\delta_z/2=C_S(1+S_{cp})\pm\delta_z/2$

（2）螺纹型芯和螺纹型环尺寸的计算

① 螺纹型环的工作尺寸

螺纹型环的大径： $D_{M大}{}^{+\delta_z}_{0}=[D_{S大}(1+S_{cp})-\Delta_{中}]^{+\delta_z}_{0}$

螺纹型环的中径： $D_{M中}{}^{+\delta_z}_{0}=[D_{S中}(1+S_{cp})-\Delta_{中}]^{+\delta_z}_{0}$

螺纹型环的小径： $D_{M小}{}^{+\delta_z}_{0}=[D_{S小}(1+S_{cp})-\Delta_{中}]^{+\delta_z}_{0}$

② 螺纹型芯的工作尺寸

螺纹型芯的大径： $d_{M大}{}^{0}_{-\delta_z}=[d_{S大}(1+S_{cp})+\Delta_{中}]^{0}_{-\delta_z}$

螺纹型芯的中径： $d_{M中}{}^{0}_{-\delta_z}=[d_{S中}(1+S_{cp})+\Delta_{中}]^{0}_{-\delta_z}$

螺纹型芯的小径： $d_{M小}{}^{0}_{-\delta_z}=[d_{S小}(1+S_{cp})+\Delta_{中}]^{0}_{-\delta_z}$

③ 螺纹型环或螺纹型芯的螺距尺寸

$$P_M\pm\delta_z/2=P_S(1+S_{cp})\pm\delta_z/2$$

④ 牙型角 螺纹型环或型芯的牙型角应尽量制成接近标准值，公制螺纹为 60°，英制螺纹为 55°。

总结与思考

1. 什么是成型零件？包括哪些零件？有什么技术要求？

2. 整体式凹模和组合式凹模的各自特点是什么？

3. 分型面的设计原则是什么？

任务六　标准模架选用

能力目标

具有选择注射模具标准模架的能力。

知识目标

掌握标准模架的结构组成。
掌握标准模架的类型和尺寸。
掌握标准模架选择的流程。

任务导入

成型零件设计完成后，就要进行模架的设计了。由于标准模架正在越来越多地被普及使用，不用设计师自己费力设计，所以本任务重点讲述的是标准模架的选用。

模架设计

▌ 教学案例展示

电器下盖的模架设计

▌ 相关知识

模架设计概要

6.1　模架设计概要

注塑模的模架是装配、定位成型零件及其他结构零部件的基础部件。模架可以根据需要自行设计，也可以选用标准模架。由于现代模具制造的高速高精要求，模具设计人员应尽量选择使用标准模架。选用标准模架可以提高模具质量；提高易损件的互换性，便于模具维修；简化设计与制造，缩短模具制造周期；便于组织专业化生产。

全球较为出名的有三大模架标准，英制以美国的"DME"为代表，欧洲以"HASCO"为代表，亚洲以日本的"FUTABA"为代表。而国内的塑料模架起步较晚，到了20世纪80年代末90年代初模架生产得到了高速发展，也形成了以珠江和长江三角洲地区为主的模架产业化生产的两大阵营。国内（包括外资企业）注塑模架的生产厂家，具有一定规模的有龙记集团、东莞明利、德胜公司、深圳南方模具厂、苏州中村重工及昆山中大模具公司等。各公司都有自己的标准，模具设计者可以根据需要选不同公司的模架。为规范化，我国制订了新的注射模国家标准 GB/T 12555—2006《塑料注射模模架》，规定了标准模架的类别和各系列尺寸，方便设计者直接选用。

6.1.1　注射模模架的组成及功能

注射模模架包括动模板、定模板、支承板、垫块、推板、推板固定板、动模座板、定模座板、紧固零件、导向机构、复位杆等零部件，如图 6-1 所示。

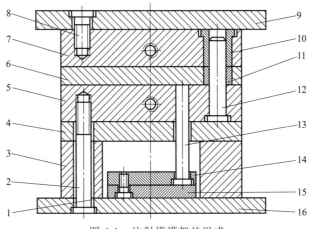

图 6-1　注射模模架的组成

1,2,8—内六角螺钉；3—垫块；4—支承板；5—动模板；6—推件板；7—定模板；9—定模座板；
10,11—导套；12—导柱；13—复位杆；14—推杆固定板；15—推板；16—动模座板

① 动、定模座板是模具的基座，起支承与连接作用。定模座板上加工浇口套孔，动模座板上加工注射机顶杆孔。用螺栓、压板与注射机座板相连。动模座板固定在注射机移动工作台上，定模座板固定在注射机固定工作台上。

② 动模板和定模板的作用是加工或安装固定凸模（型芯）、凹模，安装固定导柱、导套等零部件，也称固定板。动模板和定模板上还要加工浇注系统流道、拉料杆孔、侧向抽芯机构等。要求有足够的强度与厚度，尺寸可参照标准模板选用。

③ 支承板的作用是垫在固定板背面，共同固定型芯、导向零件，防止成型零件和导向零件的轴向移动并承受一定的成型压力。支承板与固定板固定型芯方法有台阶、沉孔、平面连接、铆钉连接等，如图 6-2 所示。

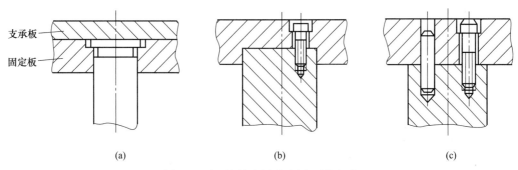

图 6-2　支承板与固定板固定型芯方法

支承板也要求有足够的强度与厚度，尺寸可参照标准模板选用。为减少板厚，增加强度，可用推板导柱辅助支承，如图 6-3 所示。

④ 垫板（也称垫块）的作用：使动模支承板和动模座板之间形成推出机构所需的推出空间；调节模具闭合高度，以适应成型设备上模具安装空间对模具总高度的要求。

安装时要求两边垫块高度应一致，保证模具各模板表面平行，否则会由于动定模轴线不重合造成导柱导套局部过度磨损。与支承板、座板的组装方法有两种，如图 6-4 所示。

⑤ 推板、推杆固定板的作用是固定推杆、复位杆、拉料杆。

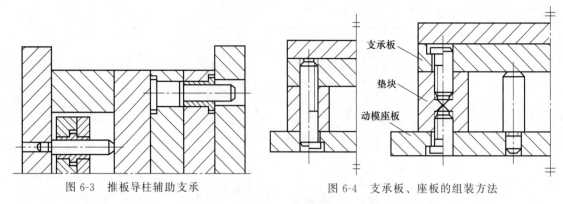

图 6-3　推板导柱辅助支承　　　　图 6-4　支承板、座板的组装方法

⑥ 推件板的作用是推出塑件。

⑦ 合模导向机构保证动、定模合模时，正确的定位和导向。

6.1.2　标准模架的选择步骤

标准模架一般按照如下步骤进行选择。

① 确定模架类型：根据塑件成型所需的结构来确定模架的结构形式。

② 根据模仁外部尺寸确定 A、B 板长宽高尺寸（通过查表或经验确定）。

③ 选取标准的型腔模板周界尺寸（上一步骤的尺寸向较大值修整，向标准靠拢）。标准模架的尺寸系列很多，应选用合适的尺寸。如选择尺寸太小，就可能使模架强度、刚度不够，而且会引起螺孔、销孔、导套（导柱）的安放位置不够；选择尺寸过大的模架，会使模具成本提高，还必须使用更大型号的注射机，增加生产成本。

④ 确定 C 板厚度：根据推出距离等确定 C 板厚度，并在标准中选定 C 板（垫块）的厚度。

⑤ 选定模架并做标记。

⑥ 检验模架与注射机的闭合高度、开模行程等的关系。

模架类型选用

6.2　标准模架的类型选择

目前国内的模具企业大多采用我国香港的龙记"LKM"标准模架，下面就以"LKM"标准模架为例介绍模架的类型。

"LKM"模架分为三大系列：二板模（大浇口、大水口）模架、三板模（点浇口、小水口）模架、简化型三板模（点浇口）模架。

6.2.1　大浇口模架系列

（1）大浇口模架标号

在采购标准模架时经常会采用标号，如图 6-5 所示是大浇口标准模架的标号。

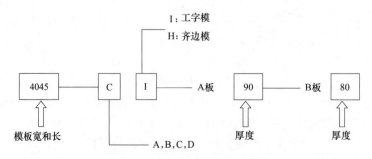

图 6-5　大浇口标准模架的标号

（2）大浇口模架简图

如图 6-6 所示。

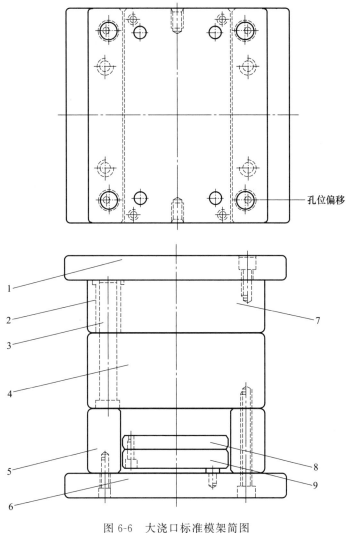

孔位偏移

图 6-6　大浇口标准模架简图

1—定模座板；2—导套；3—导柱；4—动模板（B 板）；5—模脚；6—动模座板；

7—定模板（A 板）；8—顶出固定板；9—顶板

（3）模架的基本组成及功能

大浇口模架分为工字模与齐边模两类，共有 12 种系列，如图 6-7 所示。其中 AI、BI、CI、DI 型为基本型模架，AH、BH、CH、DH、AT、BT、CT、DT 为派生型模架。

① 基本型模架

AI 型模架：定模采用两块模板，动模采用两块模板（支承板），与顶出机构组成模架。采用单分型面（一般设在合模面上），可设计成单型腔或多型腔模具。

BI 型模架：定模采用两块模板，动模部分采用三块模板，其中除了支承板之外，在动模板上面还设置一块推板，用以顶出塑件，可设计成推板式模具。

CI 模架：定模采用两块模板，动模采用一块模板，无支承板，适合做一般复杂程度的单分型面模具。

DI 模架：定模采用两块模板，动模采用两块模板，无支承板，在动模板上面设置一块推板，用来顶出塑件。

② 派生型模架　共有 8 个品种，其模架组成、功能如下。

AH、BH、CH、DH 型是由 AI、BI、CI、DI 型对应派生而成，结构形式上的不同点在于去掉了 AI～DI 型上的定模座板，动模座板做成了齐边模板，因此 AH～DH 为无定模座板的齐边模。在模具的功能与用途上与 AI～DI 型相似，只不过在模具的固定方式上有所区别，由于是齐边模，必须在定模板和动模座板上开槽来固定模具。

AT、BT、CT、DT 型也是由 AI～DI 型对应派生而成的，结构形式的不同点在于将定模座板与动模座板制成了齐边模板，模具的功能与用途与 AI～DI 型相似，模具的固定方式与 AH～DH 相似。

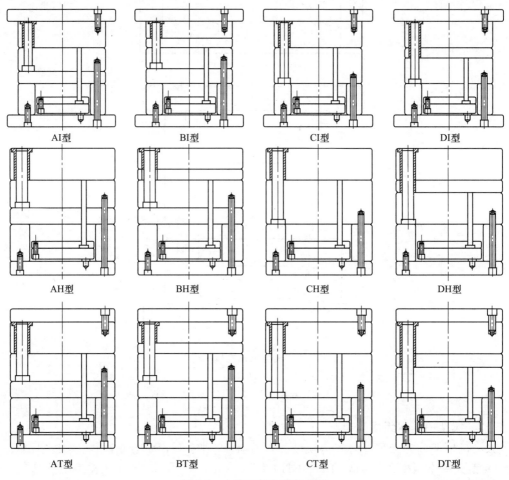

图 6-7　大浇口标准模架系列

6.2.2　点浇口标准模具系列

（1）点浇口模架标号
在采购标准模架时经常会采用标号，图 6-8 是点浇口标准模架的标号。

（2）点浇口模架简图
如图 6-9 所示。

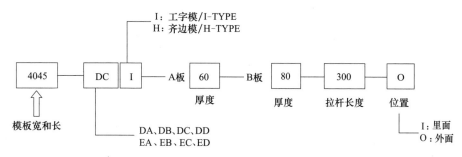

图 6-8 点浇口标准模架的标号

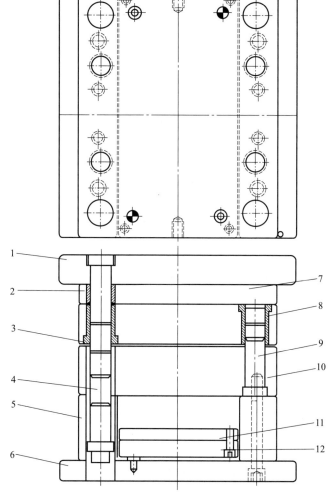

图 6-9 点浇口标准模架简图

1—定模座板；2—中间板导套；3—定模板导套1；4—拉杆；5—模脚；6—动模座板；7—中间板；
8—定模板导套2；9—导柱；10—动模板（B板）；11—顶出固定板；12—顶板

（3）模架的基本组成及功能

点浇口模架采用定模侧导柱导向，动模侧设置有副导柱。共有 16 种系列，如图 6-10 所示。其中 DAI、DBI、DCI、DDI 型为基本型模架，EAI～EDH 型为派生型模架。

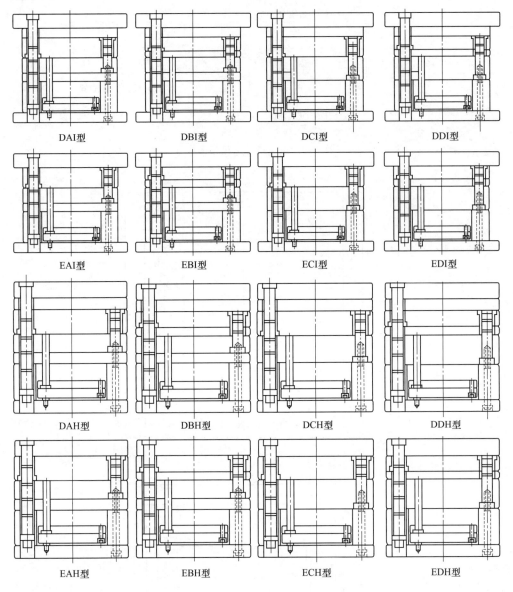

DAI型　　　　DBI型　　　　DCI型　　　　DDI型

EAI型　　　　EBI型　　　　ECI型　　　　EDI型

DAH型　　　　DBH型　　　　DCH型　　　　DDH型

EAH型　　　　EBH型　　　　ECH型　　　　EDH型

图 6-10　点浇口标准模架

① 基本型模架

DAI 型模架：定模由三块模板组成，三块板之间均没有螺钉固定，中间的模板为中间板，用来脱出点浇口冷料。动模部分由两块模板组成（动模板、动模垫板）。导向机构特点：定模座板上设置有拉杆，用来作为导向和行程限位，另外在动模板上设置有副导柱，用来对动、定模的开合模导向。可以设计成多型腔双分型面点浇口模具。

DBI 型模架：定模由三块模板组成（定模座板、中间板、定模板），动模部分有三块板，除了动模板、动模垫板之外还设置有推板，可以对塑件进行推板顶出。其他结构和用途与 DAI 相似，不同之处是在推板上也设置有导套，用来对推板的运动进行导向。

DCI 型模架：定模有三块模板，其他结构和用途与 DAI 相似，不同之处在于动模部分只有一块模板，没有动模垫板。

DDI 型模架：定模部分由三块模板组成，动模部分设置有推板，用来顶出塑件，但没有动模垫板，其他结构和用途与 DAI 相似。

② 派生型标准模架

EAI～EDI 型模架是由 DAI～DDI 型模架派生而成的。不同之处在于没有设置中间板，适合简单的双分型面点浇口模具。

DAH～DDH 型模架也是由 DAI～DDI 型模架派生而成。不同之处在于定模座板与动模座板均设计为齐边模板，因此与注射机的固定部分要经过加工。

EAH～EDH 型模架是由 DAI～DDI 型派生而成，其特点是：没有设置中间板，并且定模座板与动模座板设计为齐边模板。

6.2.3 简化型点浇口模架系列

（1）简化型点浇口模架标号

在采购标准模架时经常会采用标号，图 6-11 是简化型点浇口标准模架的标号。

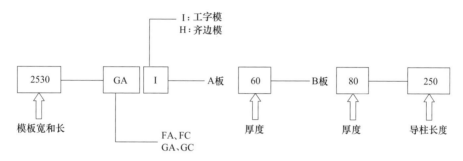

图 6-11 简化型点浇口标准模架的标号

（2）简化型点浇口模架简图

如图 6-12 所示。

（3）简化型点浇口模架的基本组成及功能

简化型点浇口模架采用定模侧导柱导向，动模侧没有副导柱。共有 8 种系列，如图 6-13 所示。其中 FAI、FCI 型为基本型模架，GAI～GCH 型为派生型模架。

① 基本型模架

FAI 型模架：定模采用三块模板，且都没有螺钉固定，在定模座板与定模板之间设置有一块中间板（脱浇板），用来脱出点浇口冷料。动模采用两块模板（动模板与动模垫板）。导向机构特点：定模侧设计有导柱，但是动模侧没有副导柱，中间板、定模板、动模板均镶有导套。可设计成成型多个型腔的双分型面点浇口模具。

FCI 型模架：定模采用三块模板（定模板、定模座板、中间板），导向机构与 FAI 模架相似，不同之处在于动模部分只有一块动模板，没有垫板。

② 派生型模架

GAI、GCI 型模架是由 FAI、FCI 模架派生而成的。功能与用途比较相似，不同之处在于没有设置中间板。导向机构特点：只在定模板与动模板设置有导套，定模侧导柱固定在定模座板上。因此只能设计简易的点浇口双分型面模具。

FAH、FCH 型模架是由 FAI、FCI 模架派生而成的。功能与用途相似，与 FAI、FCI 模架不同之处在于定模座板与动模座板均设计成齐边模板，这样模具固定在注射机上必须在定模座板与动模座板侧面加工槽。

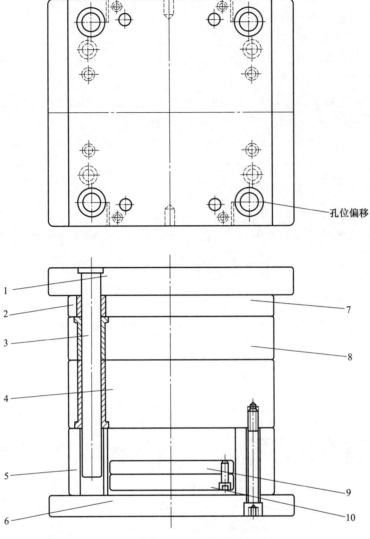

图 6-12　简化型点浇口标准模架简图

1—定模座板；2—中间板导套；3—定模导柱；4—动模板（B板）；5—模脚；

6—动模座板；7—中间板；8—定模板（A板）；9—顶出固定板；10—顶板

GAH、GCH 型模架也是由 FAI、FCI 模架派生而成的。特点是动模座板与定模座板均为齐边模板，定模部分没有设置中间板。

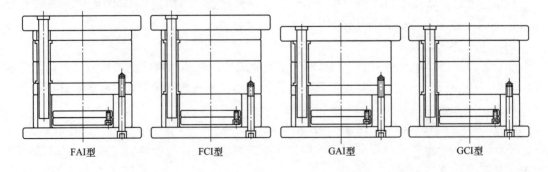

FAI型　　　　FCI型　　　　GAI型　　　　GCI型

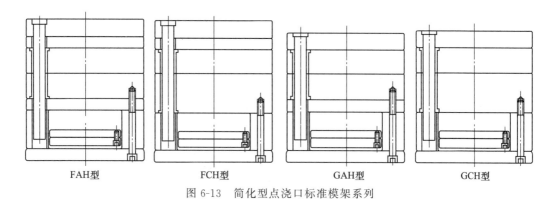

FAH型　　　FCH型　　　GAH型　　　GCH型

图 6-13　简化型点浇口标准模架系列

6.3　标准模架的主控参数设计

6.3.1　A、B 板尺寸的设计

模架主控
参数设计

模具的大小主要取决于塑料制件的大小和结构，对于模具而言，在保证足够强度的前提下，结构应该越紧凑越好。选择模架时，应该根据塑料制件的外形尺寸（主要是开模方向上的投影面积与高度）以及制件本身结构（包括侧向抽芯滑块等结构）来决定模具的类型与尺寸。

（1）　A、B 板的开框尺寸

注射模目前很多都是整体嵌入式，模仁采用优质金属材料单独加工制造。模架的 A、B 板上开出通或不通的孔，把模仁镶入，这个称为 A、B 板开框。开框的长宽尺寸等于模仁的长宽尺寸，公差配合为 H7/m6。深度尺寸比模仁高度小 0.5mm，如图 6-14 所示。

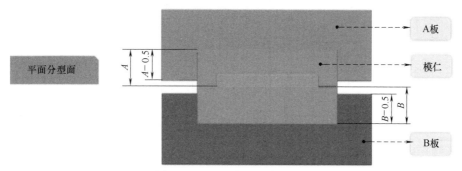

图 6-14　A、B 板的开框尺寸

为方便模仁的安装，A、B 板的开框要设计圆角，如图 6-15 所示，圆角的大小可参考

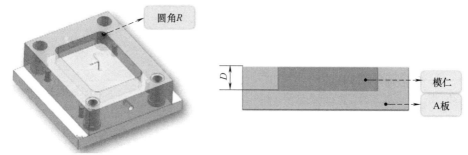

图 6-15　开框圆角设计

表 6-1。

表 6-1 圆角的经验值

开框 D/mm	50	51~100	101~150	>150
圆角 R/mm	13	16.5	26	32

特殊情况下，当模仁宽度≤100 时，可以采用避空孔设计，如图 6-16 所示。

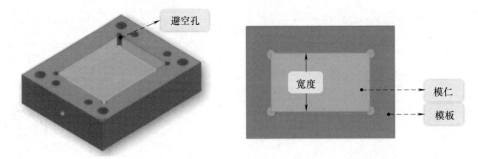

图 6-16 避空孔设计

（2） A、B 板的长宽高尺寸

对于普通的注射模架与镶块大小的选择，可参考图 6-17 和表 6-2 的数据。

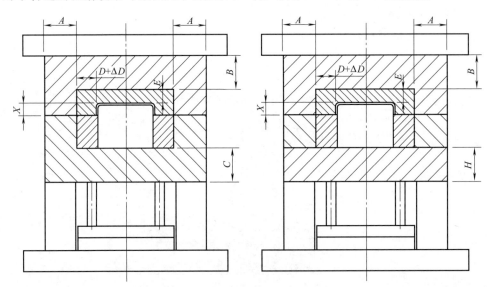

图 6-17 模架与镶块的尺寸关系

表 6-2 模架与镶块的尺寸关系

产品投影面积/mm²	A/mm	B/mm	C/mm	H/mm	D/mm	E/mm
100~900	40	20	30	30	20	20
900~2500	40~45	20~24	30~40	30~40	20~24	20~24
2500~6400	45~50	24~30	40~50	40~50	24~28	24~30
6400~14400	50~55	30~36	50~65	50~65	28~32	30~36
14400~25600	55~65	36~42	65~80	65~80	32~36	36~42
25600~40000	65~75	42~48	80~95	80~95	36~40	42~48
40000~62500	75~85	48~56	95~115	95~115	40~44	48~54
62500~90000	85~95	56~64	115~135	115~135	44~48	54~60
90000~122500	95~105	64~72	135~155	135~155	48~52	60~66

续表

产品投影面积/mm²	A/mm	B/mm	C/mm	H/mm	D/mm	E/mm
122500～160000	105～115	72～80	155～175	155～175	52～56	66～72
160000～202500	115～120	80～88	175～195	175～195	56～60	72～78
202500～250000	120～130	88～96	195～205	195～205	60～64	78～84

注：除了查表外，经常采用经验值来选取模架。

① 模仁的宽度与推板尺寸相当，差值最大不超过 10mm。

② 模仁的边至复位杆要有一定的距离，以保证加工强度。当宽度 $D \leqslant 400$mm 时，$C \geqslant$ 10mm；当 $D > 400$mm 时，$C \geqslant 15$mm。如图 6-18 所示。

③ A 板厚度一般比开框深度多出 20～30mm，为减少浇注系统量，应尽量少。B 板厚度一般比开框深度多出 30～50mm。

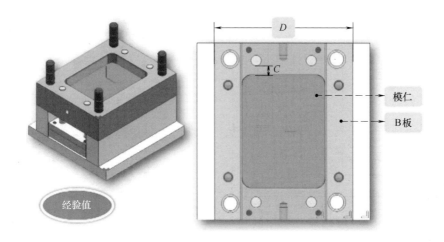

图 6-18 经验值选模架

6.3.2　C 板（模脚）的确定

选择模脚的高度时应先计算塑件的顶出行程，然后根据顶出行程，并加上一定的余量（10～15mm），再加上顶出固定板和顶板的厚度和支撑钉的高度，才能计算出模脚的高度，这样才能保证完全顶出塑件时，顶出固定板不至于撞到动模板或动模垫板。

6.3.3　模架与注射机的校核

主要从以下几方面对模架和注射机进行校核。

① 模架厚度和注射机的闭合距离　对应不同型号及规格的注射机，不同的锁模机构具有不同的闭合距离。模架的总厚度应该位于注射机的最大闭合距离和最小闭合距离之间，否则会影响模架的正常安装。

② 注射机的开模行程与模架定、动模分开的间距、顶出塑件所需行程之间的尺寸关系　设计时应该计算确定，在取出塑件时的注射机开模行程应大于取出塑件所需的定、动模分开的间距，而模具顶出塑件距离应该小于注射机的额定顶出行程。

③ 模架在注射机上的安装校核　在基本选定模架之后，主要应注意所确定的模架是否适合给定的注射机规格。因此要注意：模架外形不应受注射机拉杆的间距影响；定位孔径与定位环尺寸需配合良好；注射机顶杆孔的位置和顶出行程是否合适；喷嘴孔径和球面半径是否与模具的浇口套孔径和凹球面尺寸相配合；模具安装孔的位置和孔径与注射机的移动模板

及固定模板上的相应螺孔相配。

任务实施

电器下盖模架设计

本任务继续选用本课程的贯穿案例来培养学生模具设计步骤中相应的设计能力。

根据整体嵌入式的外形尺寸即长×宽＝260mm×180mm，塑件进浇方式为潜伏式进浇，又考虑导柱、导套的布置等，再同时参考注射模架的选择方法，可确定选用大水口 CI3040 型（即宽×长＝300mm×400mm）模架结构。如图 6-19 所示。

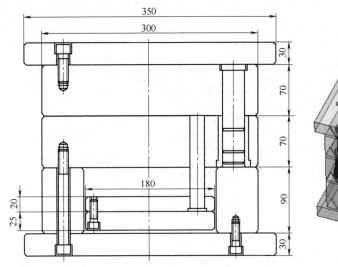
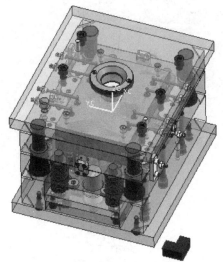

图 6-19　模架图

（1）各模板尺寸的确定

① 定模板尺寸　定模板要开框装入整体嵌入式型腔件，嵌入式型腔件高度为 45mm，加上整体嵌入式型腔件上还要开设冷却水道，还有定模板上需要留出足够的距离引出水路，且也要有足够的强度，故定模板厚度取 70mm。

② 动模板尺寸　具体选取方法与定模板相似，由于动模板下面是模脚，特别是注射时，要承受很大的注射压力，所以相对定模板来讲镶件槽底部厚一些，故动模板厚度取 70mm。

③ 模脚尺寸　模脚高度＝顶出行程＋推板厚度＋顶出固定板厚度＋5mm＝30mm＋25mm＋20mm＋5mm＝80mm，所以初定模脚为 90mm。

经上述尺寸的计算，模架尺寸已经确定为 CI3040 模架。其外形尺寸为宽×长×高＝350mm×400mm×291mm，如图 6-19 所示。

（2）模架各尺寸的校核

根据所选注射机来校核模具设计的尺寸。

① 模具平面尺寸：350mm×400mm＜360mm×360mm（拉杆间距），校核合格。

② 模具高度尺寸：220mm＜291mm＜350mm（模具的最大厚度和最小厚度），校核合格。

③ 模具的开模行程：74mm（凝料长度）＋2×28mm（2 倍的产品高度）＋10mm（塑件推出余量）＝117mm＜325mm（注射机开模行程），校核合格。

■ **总结与思考**

1. 模架设计的步骤是什么?
2. 如何确定模架的大小?
3. 模架由哪几部分组成? 各部分的作用是什么?
4. 模架规格 DI1530A60B70C90 的含义是什么?
5. 动、定模板的开框尺寸如何确定?

任务七　浇注系统设计

能力目标

具有设计注射模具浇注系统的能力。

知识目标

掌握普通流道浇注系统的组成、作用。
掌握主流道、分流道、冷料穴的设计要点。
掌握浇口的类型,浇口的尺寸、位置等设计要点。

任务导入

注射模的功能机构很多,浇注系统是注射模具很独特的一个功能机构,之所以称为注射模,就是因为此类模具具有可以进行注料功能的浇注系统,浇注系统的设计将直接影响模具的结构复杂程度及制品的好坏,因此注射模设计中,必须了解和掌握浇注系统的设计。

■ **教学案例展示**

电器下盖的浇注系统设计

浇注系统设计

■ **相关知识**

7.1 浇注系统概述

注射模的浇注系统是指塑料熔体从注射机的喷嘴进入模具开始到型腔为止所流经的流动通道。如图7-1所示。

7.1.1 浇注系统的作用和组成

浇注系统可使塑料熔体平稳有序地填充型腔,并在填充和凝固过程中把注射压力充分传递到各个部分,以获得形状完整、内外在质量

浇注系统概要

浇注系统

图 7-1　普通浇注系统

优良的塑件。浇注系统主要体现为以下两个作用。

① 导流作用：将熔体平稳地引入型腔，使之按要求填充型腔。

② 传递压力：能充分地把压力传到型腔的各个部位。

浇注系统分为普通浇注系统（也称冷流道）和无流道凝料浇注系统（也称热流道、绝热流道）。本任务重点讲解普通浇注系统，普通浇注系统又可按照模架的大类分为二板模系列的侧浇口浇注系统和三板模系列的点浇口浇注系统。

普通浇注系统通常情况下由以下四部分组成，如图 7-2 所示。

① 主流道：指从注射机的喷嘴与模具接触的部位起到分流道为止的一段流道，是连接注射机喷嘴和模具的桥梁。主流道与注射机喷嘴在同一轴线上，熔体在主流道中不改变流动的方向；主流道的大小直接影响熔体的流动速度和充模时间。

② 分流道：指介于主流道和浇口之间的一段流道，是熔体由主流道流入型腔的过渡通道。它可以使浇注系统的截面变化和熔体流动转向。

③ 浇口：是指流道中与型腔相接触的一段流道。它能使由分流道中来的熔体产生加速，形成理想的流动状态而充满型腔；且便于注射成型后制品与浇口分离。

④ 冷料穴：储藏冷料，防止前锋冷料进入型腔。

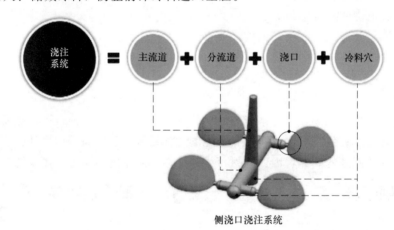

侧浇口浇注系统

图 7-2　普通浇注系统的组成

7.1.2　浇注系统设计原则

浇注系统设计时应遵循以下基本原则。

① 充分考虑塑料熔体的流动性和塑件的结构工艺性，保证塑料熔体以尽可能低的表观黏度和较快的速度充满模具的整个型腔。

② 尽量减小浇注系统的断面尺寸及缩短其长度，即尽量减少塑料熔体的热量损失与压力损失，减小塑料用量和模具尺寸。

③ 结合型腔布局考虑尽可能做到同步填充，一模多腔情形下，要让进入每一个型腔的熔料能够同时到达，而且使每个型腔入口的压力相等。

④ 排气性要好，与模具的排气方式相适应。

⑤ 防止型芯变形和嵌件位移，尽量避免熔体直冲细小型芯和嵌件。

⑥ 修整方便，保证制品外观质量。

⑦ 防止塑料制品变形。

⑧ 浇注系统的位置尽量与模具的轴线对称，浇注系统与型腔的布置应尽量减少模具的尺寸。

7.2　主流道的设计

7.2.1　主流道的形状尺寸设计

　　主流道通常位于模具中心塑料熔体的入口处，它将注射机喷嘴注射出的熔体导入分流道或型腔中。主流道的形状要使熔体的温度降和压力降最小，要有把熔体输送到最远位置的能力，因此主流道的形状设计为圆锥形，同时也方便开模时主流道凝料的顺利拔出。主流道的尺寸直接影响到熔体的流动速度和充模时间，主流道尺寸设计要合适，太大浪费原料，太小则熔体流动阻力大，充模困难。主流道尺寸设计的总原则：对于黏度小的塑料或尺寸较小的制品，主流道截面尺寸应设计得小一些；反之则设计得要大一些。

　　由于主流道与高温塑料熔体及注射机喷嘴反复接触，因此设计中常设计成可拆卸更换的浇口套，浇口套内腔形成主流道，形状和尺寸设计要点如下。

　　① 主流道横截面形状通常采用圆形截面。

　　② 主流道设计成圆锥形，一般侧浇口主流道锥度为 $2°\sim 4°$；点浇口主流道锥度为 $6°\sim 10°$。

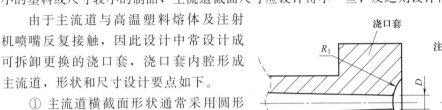
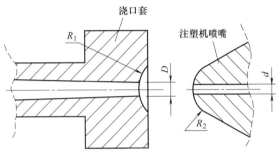

图 7-3　浇口套与注射机喷嘴的配合关系

　　③ 内壁表面粗糙度小于 $0.4\mu m$。

　　④ 主流道小端尺寸要与喷嘴配合，$D=d+0.5\sim 1mm$，$R_1=R_2+0.5\sim 1mm$，如图 7-3 所示。

　　⑤ 主流道应尽量在模具正中心，并与喷嘴轴心重合。

　　⑥ 一般侧浇口主流道小端直径 $D=3.2\sim 3.5mm$；点浇口主流道小端直径 $D=3.5\sim 4.5mm$。

　　⑦ 主流道的长度由定模座厚度确定，主流道要尽可能短，减少熔料在主流道中的热量和压力损耗，一般不超过 $60mm$。

　　⑧ 主流道大端与分流道相接处应有过渡圆角（$r=1\sim 3mm$）。

7.2.2　浇口套的结构形式及固定

　　浇口套的形式如图 7-4 所示，图 7-4（a）为浇口套与定位圈设计成整体式，一般用于小型模具；图 7-4（b）和（c）所示为将浇口套和定位圈设计成两个零件，然后配合固定在模板上，如图 7-5 所示。

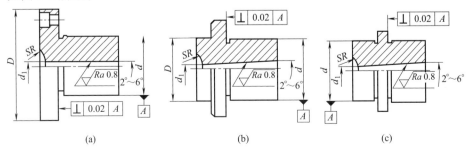

(a)　　　　　　　　　　(b)　　　　　　　　　　(c)

图 7-4　浇口套的结构形式

流道及冷料穴设计

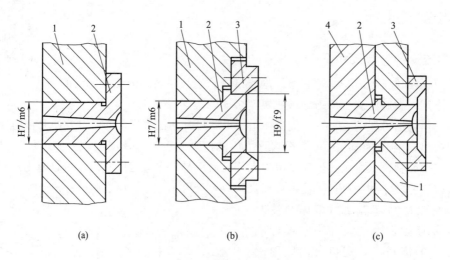

(a)   (b)   (c)

图 7-5　定位圈的固定

1—定模座板；2—浇口套；3—定位圈；4—定模板

7.2.3　浇口套的标准化

浇口套常采用标准件，各部分尺寸可查标准件手册。表 7-1 和表 7-2 节选自标准件手册。

表 7-1　标准浇口套（GB/T 4169.19—2006）　　　　　mm

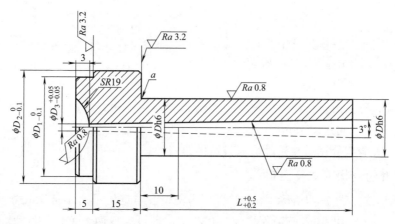

未注表面粗糙度 $Ra = 6.3 \mu m$；未注倒角 1mm×45°

a 可选砂轮越程槽或 $R0.5 \sim R1$mm 圆角

标记示例：

直径 $D = 12$mm、长度 $L = 50$mm 的浇口套：浇口套　12×50　GB/T 4169.19—2006

D	D_1	D_2	D_3	L		
				50	80	100
12			2.8	×		
16	35	40	2.8	×	×	
20			3.2	×	×	×
25			4.2	×	×	×

表 7-2 标准定位圈（GB/T 4169.18—2006）   mm

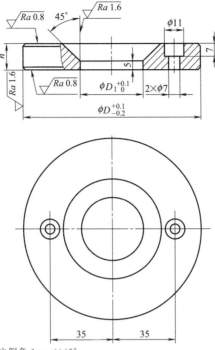

未注表面粗糙度 $Ra = 6.3\mu m$；未注倒角 $1mm \times 45°$
标记示例：
直径 $D = 100mm$ 的定位圈：定位圈 100 GB/T 4169.18—2006

D	D_1	h
100		
120	35	15
150		

7.3 分流道的设计

对于小型塑料制品的单型腔注射模具一般不设分流道，只是在制品尺寸大、需要采用多浇口进料的注射模或多型腔模中才设分流道。

7.3.1 分流道的设计原则

① 分流道的截面厚度要大于制品的壁厚。
② 考虑成型树脂的流动性，对于含有玻璃纤维等流动性较差的树脂，流道截面要大一些。
③ 流道方向改变的拐角处，应适当设置冷料穴。
④ 使塑件和浇道在分型面上的投影面积的几何中心与锁模力的中心重合。
⑤ 保证熔体迅速而均匀地充满型腔。
⑥ 分流道的长度尽可能短，表面积尽可能小。
⑦ 要便于加工及刀具的选择。

7.3.2 分流道截面形状

为便于机械加工及凝料脱模，分流道大多设置在分型面上，并且分流道的截面形状会影响到塑料在浇道中的流动以及流道内部的熔融塑料的体积。常用的分流道截面形状一般可分为圆形、梯形、U 形、半圆形及矩形等。如图 7-6（a）所示，圆形常用于侧浇口浇注系统，梯形常用于点浇口浇注系统，而图 7-6 （b）的 U 形由于加工方便，热效率高，在曲面分型面中被广泛采用。

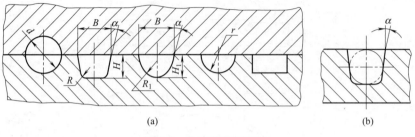

图 7-6 分流道截面形状

7.3.3 分流道的尺寸设计

分流道的直径过大不仅浪费材料，而且使冷却时间增加，成型周期也随之增加，造成成本上的浪费。分流道的直径过小，材料的流动阻力大，易造成充填不足，或者必须增加射出压力才能充填。因此流道直径 D 应适合产品的质量或投影面积等，塑件质量大，投影面积大，D 尺寸大，经验值见表 7-3、表 7-4。另外分流道直径还应按塑料制品的体积、制品形状和壁厚、塑料品种、注射速率、分流道长度等因素确定，如塑料流动性好，则 D 尺寸小。

表 7-3 投影面积与流道直径的关系

流道直径/mm	投影面积/cm^2
4	10 以下
6	200
8	500
10	1200
12	大型

表 7-4 产品质量与流道直径的关系

流道直径/mm	产品质量/g
4	95
6	375
8	375 以上
10	375 以上
12	大型

知识拓展

分流道的截面尺寸设计也可利用一些经验公式：

$D \geqslant$ 产品最大壁厚 $+1.5mm$；$B = (1.25 \sim 1.5)D$；每一节流道要比下一节流道大 $10\% \sim 20\%$，即 $D = d \times (110\% \sim 120\%)$。

分流道长度宜短，少弯折，因为长的流道不但会造成压力损失，不利于生产，同时也浪费材料。

分流道的表面粗糙度要求并不很低，一般取 $1.6\mu m$，表面稍不光滑，有助于塑料熔体的外层冷却皮层固定。

7.3.4 分流道的布置

分流道排列的原则如下。

① 尽可能使熔融塑料从主流道到各浇口的距离相等。

② 使型腔压力中心尽可能与注射机的中心重合，使锁模力平衡。

③ 排列紧凑，流程尽量短。

分流道的布置取决于型腔的布局，分流道的排列有以下两种。

平衡式：指分流道的长度、横截面形状和尺寸都相同，各型腔能同时均衡地进料，同时充满型腔。

非平衡式：从主流道流到浇口的分流道距离不相等，为使进入型腔的时间尽量一致，各型腔实现均衡地进料，分流道的横截面形状和尺寸会不相同，如图 7-7 所示。其优点是能缩短分流道的长度。

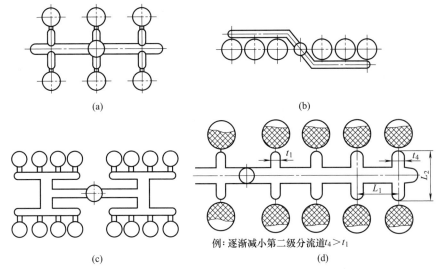

图 7-7　分流道不平衡布置

7.4　冷料穴与拉料杆的设计

设计冷料穴的目的是为避免进入模具流道的前锋冷料进入型腔，因此在主流道末端设计一个能存储冷料的坑穴，当分流道很长时，流道末端也设冷料穴。

冷料穴设计要点如下。

① 冷料穴的长度一般情况下为 1～1.5 倍流道直径。

② 图 7-8 所示为常用冷料穴和拉料杆的形式及尺寸。图 7-8（a）是端部为 Z 字形拉料

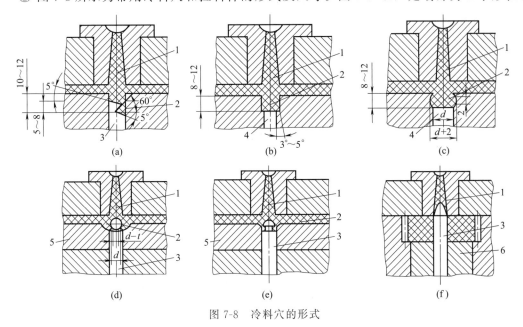

图 7-8　冷料穴的形式

1—主流道；2—冷料穴；3—拉料杆；4—推杆；5—推料板；6—成型推块

杆形式的冷料穴，是最常用的一种形式，开模时主流道凝料被拉料杆拉出，推出后常常需用人工取出而不能自动脱落；图 7-8（b）、（c）是底部带推杆的冷料穴形式，常用在有弹力的塑料材料，可以直接推出，能实现自动化生产；图 7-8（d）～（f）用于推板或推块推出模具的冷料穴和拉料杆，开模时直接和凝料分离。

Z 形、倒锥、环形槽拉料杆固定在推板上，随推出一起动作；球形、菌形固定在动模板上，开模时直接和凝料分离。

7.5 浇口的设计

浇口设计

7.5.1 浇口概要

（1）浇口的作用

① 熔料经狭小的浇口增速、增温，利于填充型腔。

② 注射保压补缩后浇口处首先凝固封闭型腔，减小塑件的变形和破裂。

③ 狭小浇口便于浇道凝料与塑件分离，修整方便。

（2）浇口的截面形状及尺寸

① 截面形状　常用的有圆形、矩形两种。

② 浇口尺寸　浇口过小易造成充填不足（短射）、收缩凹陷、熔接痕等外观上的缺陷，且成型收缩会增大。浇口过大使浇口周围产生过剩的残余应力，导致产品变形或破裂，且浇口的去除加工困难等。浇口尺寸经验值如下。

a. 浇口截面的厚度 h：通常取浇口处壁厚的 1/3～2/3（或 0.5～2mm）。

b. 浇口截面的宽度 b：中小型件，$b=(5～10)h$；大型件，$b>10h$。

c. 浇口的长度 L：$L=0.5～2mm$。

（3）浇口的类型

① 按浇口的特征分：非限制性浇口和限制性浇口。

② 按浇口所在制品中的位置分：中心浇口和侧浇口。

③ 按浇口形状分：环形浇口、盘形浇口、轮辐式浇口、爪形浇口、扇形浇口、薄片式浇口、点浇口。

④ 按浇口的特殊性分：潜伏式浇口（隧道式浇口或剪切浇口）、护耳浇口（调整片式浇口或分接式浇口）。

7.5.2 常用的浇口形式及应用场合、设计要点

（1）直接浇口（主流道浇口、中心浇口、非限制性浇口）

如图 7-9 所示，直接浇口熔体通过主流道直接进入型腔，流程短，进料快、流动阻力小，传递压力好，保压补缩作用强，有利于排气和消除熔接痕，同时浇注系统料耗少，模具结构简单，制造方便。广泛应用于单型腔模具，适用于热敏性塑料及高黏度类或大型厚壁流程长而深型腔的塑件。

（2）圆盘浇口

如图 7-10 所示，圆盘浇口经常用于成型内侧有开口的圆柱体或圆形制品。浇口设于塑件内侧。此类型浇口适用同心、且尺寸的要求严格及不容许有熔接痕生成的塑料制品。

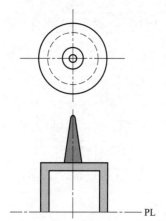

图 7-9　直接浇口

（3）环形浇口

如图 7-11 所示，环形浇口适用于圆筒形塑件，开设在塑件外圈。熔料自由地沿着环状浇口中心部分流动，然后熔料向下流动充填型腔，进料均匀不易产生熔接痕。

（4）轮辐浇口

如图 7-12 所示，轮辐浇口又称为四点浇口或十字浇口。此种浇口同样适用于管状、环状塑料制品，且浇口容易去除和节省材料。缺点：可能会产生熔接痕，影响塑件强度，而且不可能制造出完善的真圆。

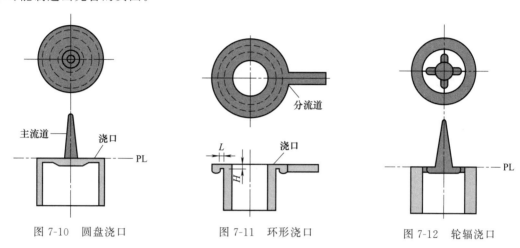

图 7-10　圆盘浇口　　　　图 7-11　环形浇口　　　　图 7-12　轮辐浇口

（5）爪形浇口

如图 7-13 所示，爪形浇口尤其适用于成型内孔小且同轴度要求较高的细长管状塑料制品，浇口设在型芯头部，具有自动定心功能。

（6）侧浇口一（又称边缘浇口、矩形浇口、标准浇口）

如图 7-14 所示，边缘浇口开设在分型面上型腔的侧面，结构简单，加工维修方便。浇口流程短、截面小、去除方便。适合于一模多腔的中小型塑件，如瓶盖，适用于各种形状塑件，应用广泛，因此常称之为标准浇口。

缺点：压力损失大、壳形件排气不便、易产生熔接痕。

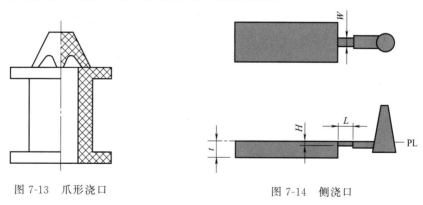

图 7-13　爪形浇口　　　　　　图 7-14　侧浇口

① 浇口宽度 W 为 $1.5 \sim 5.0 \mathrm{mm}$，一般取 $W = 2H$。大制件、透明制件可酌情加大。

② 深度 H 为 $0.5 \sim 1.5 \mathrm{mm}$。具体来说，对于常见的 ABS、HIPS，常取 $H = (0.4 \sim 0.6)t$，其中 t 为制件基本壁厚；对于流动性能较差的 PC、PMMA，取 $H = (0.6 \sim 0.8)t$；

对于 POM、PA 来说，这些材料流道性能好，但凝固速率也很快，收缩率较大，为了保证制件获得充分的保压，防止出现缩痕、皱纹等缺陷，建议浇口深度 $H=(0.6\sim0.8)t$；对于 PE、PP 等材料来说，小浇口有利于熔体剪切变稀而降低黏度，浇口深度 $H=(0.4\sim0.5)t$。

（7） 侧浇口二（又称重叠浇口）

如图 7-15 所示，它是侧浇口的演变形式，具有侧浇口的各种优点；是典型的冲击型浇口，可有效地防止塑料熔体的喷射流动。

缺点：不能实现浇口和制件的自行分离；容易留下明显的浇口疤痕。

设计时注意为防应力变形，W 取小值；为防缩孔，W 取大值；为防填充不足，H 取大值。

（8） 扇形浇口

如图 7-16 所示，当侧浇口宽度的设计值大于分流道的宽度时，为使熔体在宽度方向上的流动得到更均匀的分配而采用扇形浇口。常用来成型宽度较大的薄片状制件，流动性能较差的、透明的制件，如 PC、PMMA 等。

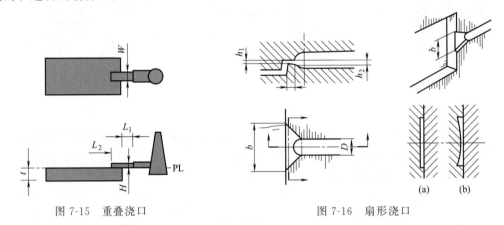

图 7-15　重叠浇口　　　　　图 7-16　扇形浇口

① 优点　熔融塑料流经浇口时，在横向得到更加均匀的分配，降低制件应力；减少空气进入型腔的可能，避免产生银丝、气泡等缺陷。

② 缺点　浇口与制件不能自行分离，制件边缘有较长的浇口痕迹，须用工具才能将浇口加工平整。

③ 参数　常用尺寸深 H 为 0.25～1.60mm；宽 W 为 8.00mm 至浇口侧型腔宽度的 1/4；浇口的横断面积不应大于分流道的横断面积，且截面形状不是矩形。

（9） 平缝浇口（又称薄膜浇口、薄片式浇口）

如图 7-17 所示，与特别开设的平行流道相连，使进料均匀，流动状态好，避免熔接痕。薄膜浇口适用于既平坦及大面积、且翘曲要保持最小的塑件。

缺点：浇口痕迹明显。

（10） 点浇口（又称针点式浇口、橄榄形浇口、菱形浇口）

如图 7-18 所示，常应用于较大的面、底壳，合理地分配浇口有助于减少流动路径的长度，获得较理想的熔接痕分布；也可用于长筒形的制件，以改善排气。也常应用于多型腔进料。

① 优点　浇口残留痕迹小；易取得浇注系统的平衡；利于自动化操作；浇口尺寸小使

流动性增加，利于填充。

② 缺点 浇口小压力损失大，需要较高的注射压力；制品收缩大，变形大；必须双分型面模具，结构复杂。

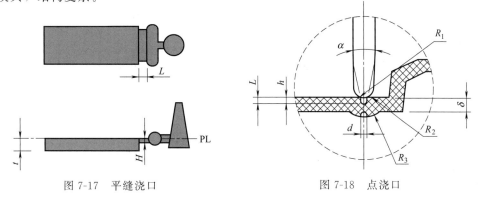

图 7-17 平缝浇口   图 7-18 点浇口

③ 参数

a. 浇口直径 d 一般为 0.8～1.5mm。

b. 浇口长度 L 为 0.8～1.2mm。

c. 为了便于浇口齐根拉断，应该给浇口做一锥度，大小为 15°～20°；浇口与流道相接处圆弧 R_1 连接，使针点浇口拉断时不致损伤制件，R_2 为 1.5～2.0mm，R_3 为 2.5～3.0mm，深度 $h=0.6～0.8$mm。

（11）潜伏式浇口（又称剪切浇口）

如图 7-19 所示。适用于外观不允许露出浇口痕迹的制件。对于一模多腔的制件，应保证各腔从浇口到型腔的阻力尽可能相近，避免出现滞流，以获得较好的流动平衡。

① 优点 浇口位置的选择较灵活；浇口可与制件自行分离；浇口痕迹小；两板模、三板模都可采用。

② 缺点 适合弹性好的塑件，不适用于强韧的塑料和质脆的塑料；注射成型时压力损失较大。

③ 参数 浇口直径 d 为 0.8～1.5mm；进浇方向与铅直方向的夹角 α 为 30°～50°；鸡嘴的锥度 β 为 15°～25°；与前模型腔的距离 A 为 1.0～2.0mm。

（12）护耳式浇口（又称分接式、凸片浇口）

如图 7-20 所示，常用于 PC、PMMA 等高透明度、热稳定性差的塑料制成的平板形制件。可有效避免喷射流动，并降低型腔内的剪应力。

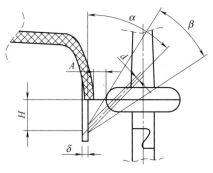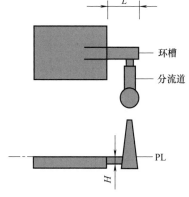

图 7-19 潜伏式浇口   图 7-20 护耳式浇口

① 优点　有助于改善浇口附近的气纹。

② 缺点　需人工剪切浇口；制件边缘留下明显浇口痕迹。

③ 参数　护耳长度 $A=10\sim15\text{mm}$，宽度 $B=A/2$，厚度为进口处型腔断面壁厚的 7/8；浇口宽 W 为 $1.6\sim3.5\text{mm}$，深度 H 为 1/2～2/3 的护耳厚度，浇口长为 $1.0\sim2.0\text{mm}$。

7.5.3　浇口位置的选择原则

一个好的浇口可以使塑料具有快速、均匀及更好的方向性流动，并且有着合适的浇口凝固时间。但无论什么形式的浇口，其开设的位置对塑件的成型性能及成型质量影响均很大。

浇口位置的选择原则如下。

① 尽量缩短流动距离，流动比不够时，考虑多个浇口。

② 浇口应开设在塑件壁最厚处，要有利于熔体的流动和补缩。

③ 浇口的位置应尽可能避免熔接痕的产生。如果实在无法避免，应使它们不处于功能区、负载区、外观区。

④ 浇口位置要有利于排气。浇口的位置应该有利于包风的排除，否则会造成缺料、气泡、烧焦或在浇口处产生高的压力。

⑤ 考虑分子定向的影响。对面积较大、又浅的壳体塑件应考虑应力分布，防止翘曲变形，要采用多点进料。

⑥ 避免产生喷射和蠕动（蛇形流）。浇口处出现喷射现象会在充填过程中产生波纹状痕迹。防止办法：加大浇口尺寸或采用冲击型浇口。

⑦ 防止熔体直接冲击细长型芯或嵌件。

⑧ 注意塑件外观质量。

任务实施

电器下盖浇注系统设计

（1）浇口类型及位置的确定

该制品的浇口位置可用 Moldflow 分析得到。

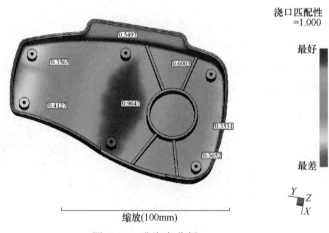

浇口匹配性
=1.000

最好

最差

缩放(100mm)

图 7-21　进浇点分析

从图 7-21 所示进浇点分析中可以看到深黑色地方是进浇较好位置，初步选择塑件中段位置作为进浇点。但由于该模具是一模两腔，浇口不允许设在产品外表面，所以不宜设计为在中心的点浇口，可以初步定为内侧进料的潜伏式浇口，并且尽量选择产品边缘位置，保证潜水式浇口尽可能缩短，如图 7-22 所示为产品进浇口。

（2）流道设计

流道的设计包括主流道设计和分流道设计两部分。

① 主流道设计　本例的模具浇口套与定位圈的配合关系如图 7-23 所示，由于考虑到定模的强度影响，定模座板和定模板的厚度比较厚，这会导致浇口套的长度增加，而冷料的长度过长不但会导致材料的浪费，也会造成熔料热量的损失，将对产品质量造成影

图 7-22　产品进浇口

响。因此该模具的浇口套并没有随着模板加长，而是埋入定模座板，这样就缩短了主流道冷料的长度，但是注射机喷嘴就要加长。

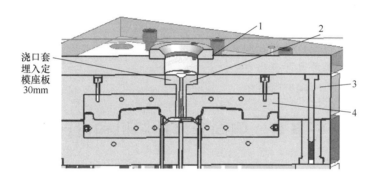

图 7-23　浇口套与定位圈配合

1—定位圈；2—浇口套；3—定模板；4—型腔镶块

② 分流道设计　由于采用潜伏式浇口，模具的分流道设计在定模板的分型面处，加工比较方便。由于该塑件尺寸较小，精度较高，因此分流道采用平衡式排布，有利于熔料平衡流动，保证各型腔产品的尺寸稳定性，因此，该分流道设计为直径 $\phi 5mm$、长度 36mm 的圆形截面，如图 7-24 所示。

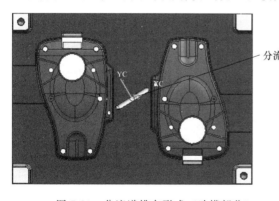

图 7-24　分流道排布形式（动模部分）

（3）冷料穴的设计

冷料穴的作用是储存因两次注射间隔而产生的冷料头及熔体流动的前锋冷料，防止熔体冷料进入型腔，影响塑件的质量。在主流道末端设计有冷料穴。冷料穴直径与主流道大端直径相同，长度为 1.5 倍直径。

（4）浇口设计

在实际设计过程中，进浇口大小常常先取小值，方便在今后试模时发现问题进行修模处理，ABS 的理论参考值为 0.5～1.5mm，由于该塑件属于精密塑件，对外观要求较高，因

此对该塑件进浇口先取 $\phi0.5$mm，如图 7-25 所示。

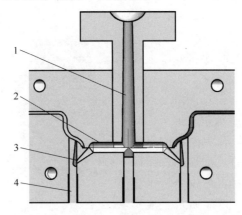

图 7-25　潜伏式浇口
1—主流道；2—分流道；3—浇口；4—顶针

总结与思考

1. 浇口的作用及类型有哪些？
2. 浇口的截面形状及尺寸有哪些？
3. 浇口位置的选择原则有哪些？

任务八　侧向分型抽芯机构设计

 能力目标

能根据塑件的特点确定模具的结构，设计合理的侧向分型与抽芯模具。

 知识目标

掌握斜导柱侧向分型与抽芯机构的结构组成及形状尺寸设计。
掌握斜滑块侧向分型与抽芯机构的结构组成、设计要点。
掌握其他侧向分型与抽芯机构的类型及应用场合。

 任务导入

当在注射成型的塑件上与开合模方向不同的内侧或外侧具有孔、凹穴或凸台时，如图 8-1 所示，塑件就不能直接由顶杆等推出机构推出脱模。此时模具上成型该处的零件必须制成可侧向移动的活动型芯，以便在塑件脱模推出之前，先将侧向成型零件抽出，然后再把塑件从模内推出，否则就无法脱模。带动侧向成型零件作侧向分型抽芯和复位的整个机构称为侧向分型与抽芯机构。实现此功能的机构种类很多，结构组成和设计要求各不相同，带有此种机构的模具属于较复杂结构模具，模具成本较高。

教学案例展示

电器下盖的侧向分型与抽芯机构设计

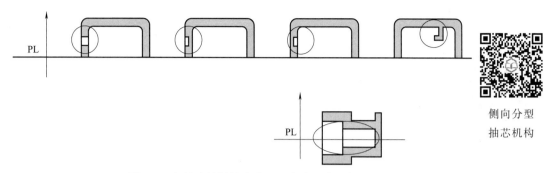

图 8-1 内侧或外侧具有孔、凹穴或凸台塑件

■ 相关知识

8.1 侧向分型与抽芯机构概要

侧向分型抽
芯机构概要

8.1.1 侧向分型与抽芯机构分类

根据动力来源不同，侧向分型与抽芯机构可分为手动侧向分型与抽芯机构、液压或气动侧向分型与抽芯机构、机动侧向分型与抽芯机构。其中，机动侧向分型与抽芯机构应用最广泛。靠设备运动带动侧向成型零件成型和复位的机构称为机动侧向分型与抽芯机构，可以实现高效生产和减少模具的复杂度。成型整体外形称侧向分型，成型侧孔等局部称侧抽芯。而根据实现侧向分型与抽芯目的功能零件组成不同，机动侧向分型与抽芯机构又有斜导柱滑块侧向分型与抽芯机构、斜滑块侧向分型与抽芯机构等类型。

8.1.2 侧向分型抽芯机构的主控参数

（1）抽芯力

由于塑件包紧在侧向型芯或黏附在侧向型腔上，因此在各种类型的侧向分型与抽芯机构中，侧向分型与抽芯时必然会遇到抽拔的阻力，侧向分型与抽芯的力（简称抽芯力）一定要大于抽拔阻力。影响抽芯力大小的因素很复杂，但与塑件脱模时影响其推出力的大小相似，归纳起来有以下几个方面。

① 成型塑件侧向凹凸形状的表面积愈大，即被塑料熔体包络的侧型芯侧向表面积愈大，包络表面的几何形状愈复杂，所需的抽芯力愈大。

② 包络侧型芯部分的塑件壁厚愈大、塑件的凝固收缩率愈大，则对侧型芯包紧力愈大，所需的抽芯力也增大。

③ 同一侧抽芯机构上抽出的侧型芯数量增多，则塑料制件对每个侧型芯产生包紧力，也会使抽芯阻力增大。

④ 侧型芯成型部分的脱模斜度愈大，表面粗糙度低，且加工纹路与抽芯方向一致，则可以减小抽芯力。

⑤ 注射成型工艺对抽芯力也有影响。注射压力愈大，对侧型芯的包紧力增大，增加抽芯力；注射结束后的保压时间长，可增加塑件的致密性，抽芯力也增大。

⑥ 塑料品种不同，收缩率也不同，也会直接影响抽芯力的大小。另外，粘模倾向大的塑料会增大抽芯力。

（2）抽芯距

在设计侧向分型与抽芯机构时，除了计算侧向抽拔力以外，还必须考虑侧向抽芯距的问题。侧向抽芯距一般比塑件上侧凹、侧孔的深度或侧向凸台的高度大 2~3mm。

8.2 斜导柱滑块侧向分型与抽芯机构设计

滑块机构设计

斜导柱滑块侧向分型与抽芯机构简称为滑块机构，适用于抽拔距离短（小于 60~80mm）、抽拔力小的情况，结构紧凑，动作安全可靠，加工制造方便，在所有的侧抽芯机构中，应用最为广泛。

斜导柱滑块侧向分型与抽芯机构的基本结构如图 8-2 所示，它由侧滑块 3、斜导柱 4、楔紧块 2、限位弹簧销 6 等零件组成。

斜导柱滑块侧向分型与抽芯机构的工作原理如下。

如图 8-2 所示，注射结束模具合模状态时，侧滑块 3 由楔紧块 2 锁紧；开模时，动模部分向后移动，塑件包在动模型芯上随着动模一起移动，在斜导柱 4 的作用下，侧滑块 3 在推件板上的导滑槽内沿着与脱模方向垂直的方向作侧向抽芯。侧向分型与抽芯结束时，斜导柱脱离侧滑块 3，侧滑块 3 在限位弹簧销 6 的作用下卡在限位孔处，以便再次合模时斜导柱能准确地插入侧滑块的斜导柱孔中，迫使其复位。

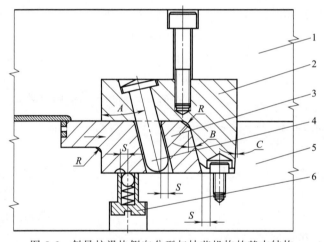

图 8-2　斜导柱滑块侧向分型与抽芯机构的基本结构

1—定模板；2—楔紧块；3—侧滑块；4—斜导柱；5—动模板；6—限位弹簧销

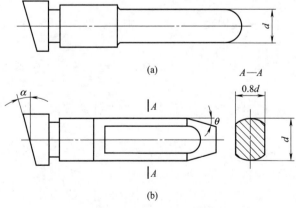

(a)

(b)

图 8-3　斜导柱的形状

注：图中的三处 S 为抽芯距，制造装配模具时要保证尺寸。而侧滑块斜导柱孔与斜导柱工作部分常留有 0.5~1mm 的间隙。

8.2.1　斜导柱的设计

（1）斜导柱的结构设计

斜导柱的形状如图 8-3 所示，其工作端的端部可以设计成锥台形或半球形，利于导向。图 8-3（b）中导柱的侧面铣磨平，目的是减少与导向孔的磨损，端部的斜角 $\theta = \alpha + 2° \sim 3°$（如果 $\theta < \alpha$，则斜导柱端部会参与侧抽芯，使抽芯尺寸难以确定）。

（2）斜导柱倾斜角的确定

斜导柱轴向与开模方向的夹角称为斜导柱的倾斜角 α，如图 8-3 所示。倾斜角与侧向分型抽芯的抽芯力和抽芯距有关。倾斜角越大，斜导柱有效工作长度内完成的抽芯距越大，但所受的弯曲力也越大，需要斜导柱的直径越大，综合考虑斜导柱设计的长度和直径，合理的角度理论上取 $22° \sim 33°$，通常可按经验取值：$\alpha = 12° \sim 22°$，最大不超过 $25°$。

（3）斜导柱的长度计算

斜导柱的总长度为有效工作长度和安装固定部分长度之和，如图 8-4 所示。

$$L_z = L_1 + L_2 + L_3 + L_4 + L_5 = d_2 \tan\alpha/2 + n/\cos\alpha + d\tan\alpha/2 + S/\sin\alpha + 10 \sim 15\text{mm}$$

式中　d_2——斜导柱固定部分的大端直
　　　　　径，mm；
　　　S——抽芯距，mm；
　　　d——斜导柱直径，mm；
　　　α——斜导柱倾斜角，（°）。

（4）斜导柱直径的确定

斜导柱直径（d）取决于它所受的最大弯曲力（$F_弯$）、斜导柱倾斜角及斜导柱工作长度，由于计算麻烦，常取经验值为 $20 \sim 30\text{mm}$。抽芯力小取小值，抽芯力大取大值。

8.2.2 侧滑块的设计

在侧向分型与抽芯过程中，塑件的尺寸精度和侧滑块移动的可靠性都要靠其运

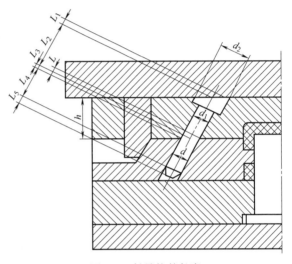

图 8-4 斜导柱的长度

动的精度来保证。使用最广泛的是 T 形滑块，T 形一般设计在滑块的底部，侧型芯的中心与 T 形导滑面较近，抽芯时滑块稳定性较好。侧型芯是模具的成型零件，常用 T8、T10、Cr12MoV、P20 等材料制造，热处理硬度要求大于 50HRC。侧滑块则采用 45 钢等材料制造，硬度要求较低。

滑块可采用整体式和组合式。组合式可节省优质钢材，使用较广。组合式必须注意侧型芯与滑块连接部位的强度，防止型芯在抽芯时松脱。图 8-5 是几种常见的滑块与侧型芯连接的方式。

8.2.3 导滑槽的设计

斜导柱侧向抽芯机构工作时，侧滑块是在导滑槽内按一定的精度和沿一定的方向往复移动的零件。根据侧型芯的大小、形状和要求不同，以及各工厂的使用习惯不同，导滑槽的形式也不相同。最常用的是 T 形槽。图 8-6 为导滑槽与侧滑块的导滑结构形式：图 8-6（a）采用整体式结构，该结构加工困难，一般用在模具较小的场合；图 8-6（b）采用矩形的压板形式，加工简单，强度较好，应用很广泛，压板规格可查标准零件表；图 8-6（c）采用 T 形压板，加工简单，强度较好，一般要加销钉定位；图 8-6（d）采用压板和中央导轨形式，一般用在滑块较长和模温较高的场合下；图 8-6（e）采用 T 形槽，且装在滑块内部，一般

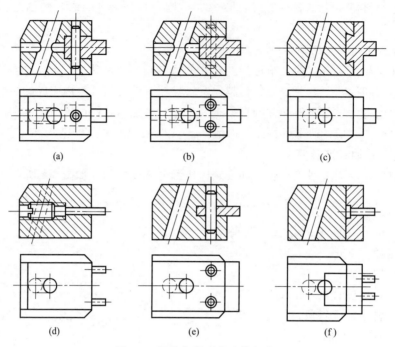

图 8-5　滑块与侧型芯连接方式

用于空间较小的场合，如内滑块；图 8-6（f）采用镶嵌式的 T 形槽，稳定性较好，但是加工困难。在设计导滑槽与侧滑块时，要正确选用它们之间的配合。导滑部分的配合一般采用 H7/f7。如果在配合面上成型时与熔融材料接触，为了防止配合处漏料，应适当提高配合精度，其余各处均可留 0.5mm 左右的间隙。配合部分的表面粗糙度 Ra 要求大于 $0.8\mu m$。

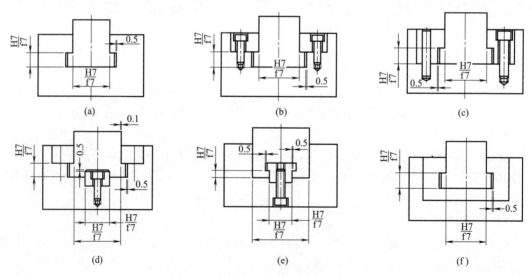

图 8-6　导滑槽与侧滑块的导滑结构形式

由于注射成型时，滑块在导滑槽内要求能顺利地来回移动，因此，对组成导滑槽零件的硬度和耐磨性是有一定要求的。整体式的导滑槽通常在定模板或动模板上直接加工出来，而动、定模板常用的材料为 45 钢，为了便于加工，常调质至 28～32HRC，然后再铣削成型。

对于组合式导滑槽的结构，压板的材料常用 T8、T10、Cr12MoV，热处理硬度要求大于 50HRC，另外在滑块底部通常会增设耐磨板，如图 8-7 所示，材料一般为 Cr12MoV，以增加导滑槽的导滑功能。

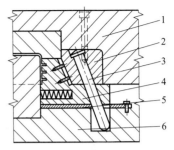

图 8-7　耐磨板在侧滑块上的应用
1—定模板；2—斜楔；3—斜导柱；
4—滑块；5—耐磨板；6—动模板

为了让侧滑块在导滑槽内移动灵活，不被卡死，导滑槽和侧滑块要求保持一定的配合长度。当侧滑块完成抽拔动作后，其滑动部分仍应全部或部分长度留在导滑槽内，一般情况下，保留在导滑槽内的侧滑块长度不应小于导滑槽总配合长度的 2/3，如图 8-8（a）所示。倘若模具的尺寸较小，为了保证有一定的导滑长度，可以把导滑槽局部加长，如图 8-8（b）所示。另外，还要求滑块配合导滑部分的长度大于宽度的 1.5 倍以上。

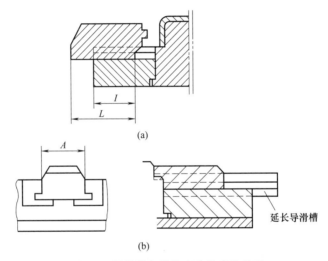

(a)

(b)

延长导滑槽

图 8-8　导滑槽与滑块配合长度的关系

8.2.4　楔紧块的设计

（1）锁紧装置的形式

注射成型时，型腔内的熔融塑料以很高的成型压力作用在侧型芯上，从而使侧滑块后退产生位移，侧滑块的后移将力作用到斜导柱上，导致斜导柱产生弯曲变形；另一方面，由于斜导柱与侧滑块上的斜导孔采用较大的间隙配合，侧滑块的后移也会影响塑件的尺寸精度，所以，合模注射时，必须要设置锁紧装置锁紧侧滑块，常用的锁紧装置为楔紧块，如图 8-9 所示。图 8-9（a）中的滑块采用整体式锁紧方式，该结构刚性好，但加工困难，脱模距小，适用于小型模具；图 8-9（b）所示滑块采用镶拼式锁紧方式，通常可用标准件，可查标准零件表，该结构强度好，适用于锁紧力较大的场合；图 8-9（c）采用嵌入式锁紧方式，适用于较宽的滑块；图 8-9（d）采用镶式锁紧方式，刚性较好，一般适用于空间较大的场合。

（2）锁紧角的选择

楔紧块的工作部分是斜面，其锁紧角 α' 应大于斜导柱倾斜角 α，通常大 2°～3°。这样，开模时楔紧块很快离开滑块的压紧面，避免楔紧块与滑块间产生摩擦。合模时，在接近合模终点时，楔紧块才接触侧滑块并最终压紧侧滑块，使斜导柱与侧滑块上的斜导柱孔壁脱离接触，以避免注射时斜导柱受力变形。

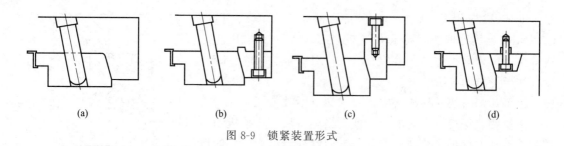

图 8-9　锁紧装置形式

8.2.5　滑块定位装置的设计

　　开模抽芯后，侧滑块必须停留在刚脱离斜导柱的位置上，以便合模时斜导柱准确插入侧滑块上的斜导孔中，因此，必须设计侧滑块的定位装置，以保证侧滑块脱离斜导柱后，可靠地停留在正确的位置上。常用的侧滑块定位装置如图 8-10 所示。图 8-10（a）中利用弹簧螺钉进行定位，所用的弹簧强度为滑块重量的 1.5～2 倍，常用于向上和侧向抽芯机构；图8-10（c）～（e）利用弹簧顶销定位，适用于一般滑块较小的侧向抽芯场合；图 8-10（b）利用挡板定位，适用于向下和侧向抽芯的场合。

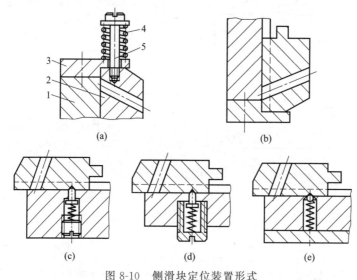

图 8-10　侧滑块定位装置形式

1—导滑槽；2—侧滑块；3—定位挡块；4—弹簧；5—螺钉

8.2.6　斜导柱滑块侧向分型与抽芯机构的应用形式

　　由于塑件的结构特点，斜导柱和滑块可能需要分别安装在动、定模，也可能同时安装在动模或定模，因此形成了不同的应用形式。各种形式在设计时需要注意不同的问题。

（1）斜导柱固定在定模、滑块安装在动模的形式

　　斜导柱固定在定模、滑块安装在动模的形式是应用最广泛的形式。但此种形式要考虑会不会产生干涉现象，如图 8-11 所示的模具，合模时，推杆和滑块同时复位，有可能发生碰撞现象。这种模具在合模后，推杆位于滑块的开模方向投影下方。

　　此种形式的模具为避免干涉可采用推杆先复位机构，在滑块还未开始复位之前，推杆先行复位。常采用如下的几种复位机构：

　　a. 弹簧先复位机构；

b. 楔杆三角滑块式先复位机构；

c. 楔杆摆杆式先复位机构；

d. 滚珠推管式先复位机构；

e. 楔杆滑块摆杆式先复位机构；

f. 连杆式先复位机构。

（2）斜导柱安装在动模、滑块安装在定模的形式

此种形式虽然也是利用开模时动、定模分开，斜导柱驱动滑块侧向分型，但由于滑块在定模会使塑件直接脱离型芯留在定模型腔，不能脱模，因此要使塑件留在动模，必须在塑件脱模

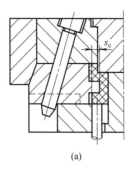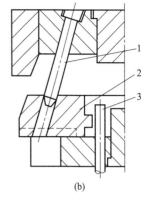

图 8-11　斜导柱安装在定模、滑块安装在动模的形式
1—斜导柱；2—侧型芯滑块；3—推杆

前先侧抽芯完成，两者之间要有一个滞后的过程。如图 8-12 所示的模具即为先侧向分型与抽芯后脱模的结构，开模时，塑件由于侧型芯的作用留在定模内，主型芯 5 是浮动式型芯，被塑件包紧一起不随动模移动，侧向抽芯完成后，主型芯 5 的下部凸台碰到动模板 1，开始随动模一起开模运动，塑件随之从型腔中脱模。开模完成后，塑件被推件板 3 推出，完成一次成型。

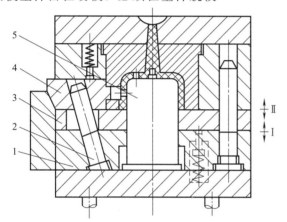

图 8-12　斜导柱安装在动模、滑块安装在定模的形式
1—动模板；2—斜导柱；3—推件板；4—侧型芯滑块；5—主型芯

（3）斜导柱和滑块同在定模

斜导柱、滑块同在定模，要让两者相对运动完成侧抽芯动作，就需要加一个分型面，并设计成顺序分型机构。如图 8-13 所示的模具为采用弹簧式顺序分型机构的形式。开模时，弹簧 8 使模具首先从分型面 A 分型，斜导柱 2 驱动滑块 1 侧向抽芯，抽芯完成后，定模板 6 被定距螺钉 7 拉住停止开模，模具从分型面 B 打开，主型芯带动塑件脱离型腔，开模结束后，推杆 4 推动推件板 5 使塑件脱模，完成一次成型。

（4）斜导柱和滑块同在动模

斜导柱和滑块同在动模时，可以通过推出机构（一般是推件板）实现斜导柱与滑块的相对运动，完成抽芯。如图 8-14 所示，侧型芯滑块 2 安装在推件板 4 的导滑槽内，开模后，推件板 4 推动塑件从主型芯 7 脱模的同时

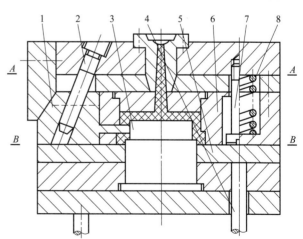

图 8-13　斜导柱和滑块同在定模
1—侧型芯滑块；2—斜导柱；3—主型芯；4—推杆；
5—推件板；6—定模板；7—定距螺钉；8—弹簧

完成侧抽芯，因滑块 2 未脱离斜导柱 3，因此不需设滑块定位装置，合模时靠设置在定模板上的楔紧块 1 锁紧。

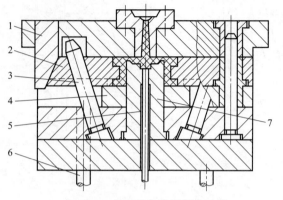

图 8-14　斜导柱与滑块同在动模

1—楔紧块；2—侧型芯滑块；3—斜导柱；4—推件板；

5—推杆；6—推杆；7—主型芯

8.3　斜滑块侧向分型与抽芯机构设计

斜滑块侧向分型与抽芯机构是一种利用推出机构的推力驱动斜滑块沿斜向导槽滑动，分型抽芯与塑件推出同时进行的侧抽芯机构。根据导滑零件的结构不同分为：斜滑块导滑的分型抽芯机构和斜顶杆导滑的分型抽芯机构（用于局部抽芯的斜滑块机构，也称斜顶）。

8.3.1　斜滑块侧向分型与抽芯机构

一般应用在外侧凹较浅，但侧面成型面积较大的塑件，即抽芯距较小、抽芯力较大的情况。

图 8-15 为斜滑块外侧分型的示例，该塑件为绕线轮。

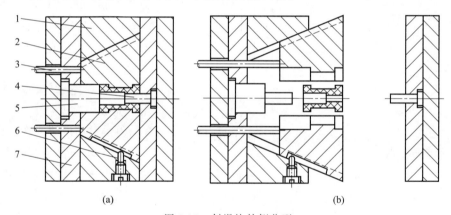

图 8-15　斜滑块外侧分型

1—模套；2—斜滑块；3—推杆；4—定模型芯；5—动模型芯；6—限位螺钉；7—动模型芯固定板

斜滑块侧向分型与抽芯机构的设计要点如下。

① 正确选择主型芯位置。主型芯设在动模一侧，塑件包紧中间的型芯，易脱模；如果主型芯在定模一侧，脱模后塑件易粘在斜滑块上。

② 开模时斜滑块的止动。针对定模的型芯比较多的情况，塑件对定模部分的型芯包紧力大。如果没有止动装置，则斜滑块在开模动作刚刚开始之时便有可能与动模产生相对运动，导致塑件损坏或开模时塑件包紧定模型芯，并带动滑块滞留在定模而无法脱模。

③ 斜滑块的倾斜角和推出行程

a. 由于滑块的刚性较好，因此斜角可比斜导柱的大一些，但一般不超过 3°。

b. 斜滑块完成侧抽芯所推出的高度小于斜滑块高度 L 的 1/3。

④ 斜滑块的装配要求。可保证合模密实性，并为修模留出余量。斜滑块装配后必须使其底面离模套有 0.2～0.5mm 的间隙，上面高出模套 0.4～0.6mm（应比底面的间隙略大一些为好）。

⑤ 推杆位置选择。注意抽芯过程中滑块底部不能滑出推杆顶端位置。

⑥ 斜滑块推出时要有限位。

8.3.2　斜顶抽芯机构

斜顶机构设计

当塑料制件内部侧壁上有凸凹部位时，通常采用斜顶抽芯机构的形式。斜顶抽芯机构的原理是通过斜顶斜线方向的顶出运动，获得一定的水平方向的平移，从而使侧壁上的凸凹部位脱模。而且由于斜顶抽芯机构在模板上所占的空间位置很少，当塑件被顶出时斜顶抽芯机构亦有抽芯的作用，所以在模具中得到了大量的应用。

（1）斜顶杆斜顶抽芯机构

如图 8-16 所示，为了能进行斜顶出运动，斜顶杆 4 设计成双斜面。斜顶杆 4 长度比较大，从动模一直斜至顶出固定板。在动模底部镶有导滑板 3，斜顶杆底部用销与滑座 2 形成活动连接。在滑座 2 底部镶有硬度较高的耐磨板 1，以提高滑座的滑动性能。当模具开模后，顶出系统开始运动，顶出固定板带动斜顶杆作顶出运动，由于斜顶杆具有双平行斜面，斜顶杆依靠与导滑板 3 的配合进行斜向顶出，当斜顶杆顶出到一定距离，就会脱出制件，抽芯运动结束。在这种场合，斜顶杆既可以起顶出作用，也可以起抽芯作用。

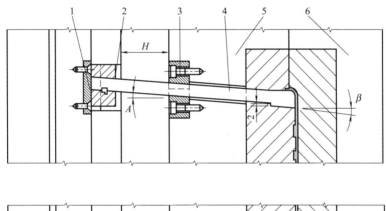

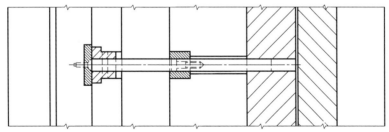

图 8-16　斜顶杆抽芯机构（底座销钉式）
1—耐磨板；2—滑座；3—导滑板；4—斜顶杆；5—动模板；6—定模板

斜顶杆抽芯机构（底座销钉式）的结构组成如图 8-17 所示，斜顶杆 1 的倾斜角度及顶出行程决定了斜顶在水平方向的移动距离。导滑板 2 固定于动模板的底部，可以提供给斜顶导向固定的作用，而模板上与斜顶杆配合的间隙必须加大，避免两者互相接触。另外由于斜顶要在制件内部滑动，故斜顶顶面应略低于动模镶块顶面 0.03～0.1mm，同时在斜顶的平移范围内不能碰到凸起的塑件内部形状，以免斜顶的行程受到干涉，破坏制件的完整。

在有些斜顶杆抽芯机构中，为了简化结构，直接在斜顶杆底部加工出"工"字槽，与顶出固定板中的底座形成滑动配合，也可以进行斜顶抽芯运动，如图 8-18 所示。详细结构见图 8-19。

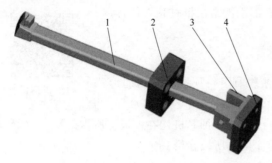

图 8-17 斜顶杆抽芯机构（底座销钉式）结构组成

1—斜顶杆；2—导滑板；3—滑座；4—耐磨板

（2）斜顶块导滑的斜顶抽芯机构

图 8-20 所示为斜顶块导滑的外侧分型与抽芯的结构形式。该塑件外侧有较浅的侧凹。斜顶块设计成双平行斜面的镶块。开模后，塑件包紧在动模板 2 上和斜顶块 3 一起向后移动，在直顶杆 4 的作用下，斜顶块 3 在相对向前运动的同时在动模板 2 的双平行斜面导滑槽内向外进行斜向顶出运动，在斜顶块 3 的限制下，塑件 1 在斜顶块侧向分型的同时从动模板 2 上脱出。图中斜顶块 3 与直顶杆 4 之间用"工"字槽进行滑动连接，合模时，斜顶块依靠直顶杆进行初始复位，但最终的复位状态是依靠斜顶块 3 上的分型面与定模的分型面互相碰合进行的。

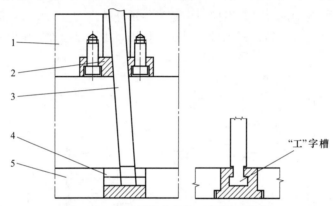

图 8-18 斜顶杆抽芯机构（底座 T 槽式）

1—动模板；2—导滑板；3—斜顶杆；4—底座；5—顶出固定板

（3）斜顶抽芯机构设计要点

① 斜顶抽芯机构尺寸设计　如图 8-21、图 8-22 所示，在设计斜顶抽芯机构时，必须要计算斜顶顶出行程 H 与斜顶角度 α。斜顶角度 α 不能太大，否则会削弱斜顶的强度；但也不能太小，否则会增大顶出行程，因此必须结合塑件侧凹/侧凸深度来综合衡量斜顶角度 α 和斜顶顶出行程 H。下列是相关的计算公式和注意事项：

$$\tan\alpha = S/H$$

式中　α——斜顶角度，通常 $5° \leqslant \alpha \leqslant 12°$，最大不超过 15°；

　　　S——斜顶抽芯距，mm；

　　　H——顶出行程，mm。

图 8-19 斜顶杆抽芯机构
（底座 T 槽式）结构组成

1—斜顶杆；2—导滑板；3—底座

斜顶块距离凸起形状的距离 $B > S$；直身定位段宽度 F 为 3～5mm；斜顶杆宽度为 6～8mm。

② 斜顶的避空设计　为避免斜顶杆与模板摩擦面积过大，应在模板内有一段避空孔设

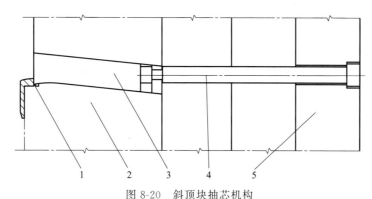

图 8-20　斜顶块抽芯机构

1—塑件；2—动模板；3—斜顶块；4—直顶杆；5—顶出固定板

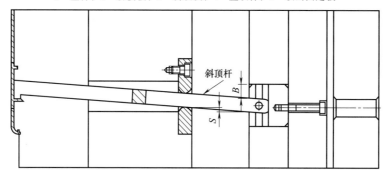

图 8-21　斜顶抽芯机构相关参数（一）

计，避空孔常选用圆形直身孔，孔中设置导向块。避
空孔和模仁导向段一起线切割加工。

③ 斜顶抽芯机构失效的形式　在斜顶抽芯机构
的设计中，如果没有充分考虑设计细节，会导致斜
顶抽芯机构无法工作。因此必须分析具体的塑件形
状与结构以及对斜顶抽芯机构有什么影响，尤其要
注意以下几个问题。

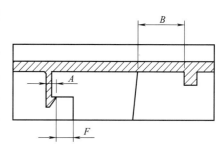

图 8-22　斜顶抽芯机构相关参数（二）

a. 斜顶成型部分问题。如图 8-23 所示，在斜顶
的成型部分存在塑件的凹下部分或凸起部分，这些
形状会阻碍斜顶的抽芯运动，将导致斜顶结构的失效。

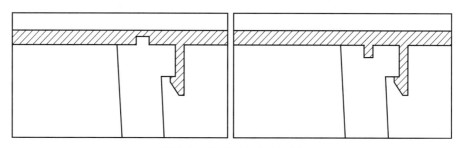

图 8-23　斜顶成型部分问题

b. 斜顶周围塑件形状的影响。如图 8-24 所示，如果在斜顶的周围存在着塑件凸或凹
的形状，应该判断该形状距斜顶的距离，如果距离 A 小于斜顶抽芯运动的行程，该形状

就会影响斜顶抽芯运动。因此在斜顶机构设计时必须要注意 A 距离必须要大于斜顶机构抽芯距。

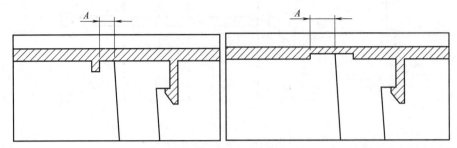

图 8-24　斜顶周围塑件形状的影响

c. 斜顶与顶杆的关系。如图 8-25 所示，斜顶与顶杆之间的距离 C 也必须要注意，不能小于斜顶抽芯距离，否则会导致斜顶抽芯运作中会与顶杆产生碰撞。

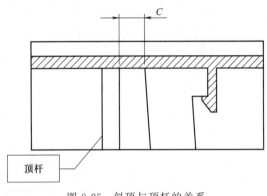

图 8-25　斜顶与顶杆的关系

8.4　其他侧向分型与抽芯机构设计

8.4.1　弯销侧向分型与抽芯机构

如果在斜导柱侧向分型与抽芯机构中，将截面是矩形的弯销代替斜导柱，就成了弯销侧向分型与抽芯机构。弯销侧向分型与抽芯机构的工作原理与斜导柱侧向分型与抽芯机构非常相似，该侧向抽芯机构仍然离不开侧向滑块的导滑、注射时侧向型芯的锁紧和侧向抽芯结束时侧向滑块的定位这三大设计要素。

图 8-26 所示是弯销侧向分型与抽芯机构的典型结构，合模时，由楔紧块 2 或支承块 6 将侧型芯滑块 4 通过弯销 3 锁紧。

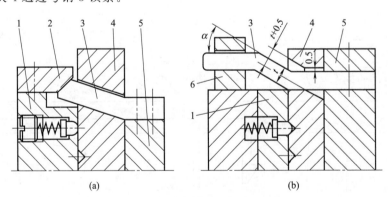

(a)　　　　　　　　　(b)

图 8-26　弯销侧向分型与抽芯机构

1—动模板；2—楔紧块；3—弯销；4—侧型芯滑块；5—定模板；6—支承块

弯销侧向分型与抽芯机构的结构特点如下。

① 由于弯销是矩形截面，其抗弯截面系数比圆形截面的斜导柱要大。可采用较大倾斜角，获得较大抽芯距。

② 模外安装方便。

③ 可延时抽芯。

④ 支承块支承能承受很大的脱模阻力。

8.4.2　斜导槽侧向分型与抽芯机构

斜导槽侧向分型与抽芯机构是由固定于模外的斜导槽板与固定于侧型芯滑块上的圆柱销连接所形成的，如图 8-27 所示。图 8-27（a）为合模状态，图 8-27（b）为开模状态。

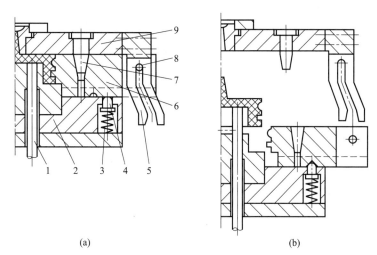

(a)　　　　　　　　　　　(b)

图 8-27　斜导槽侧向分型与抽芯机构

1—顶杆；2—动模板；3—弹簧；4—顶销；5—斜导槽板；6—侧型芯滑块；
7—止动销；8—滑销；9—定模板

斜导槽侧向分型与抽芯机构设计灵活，能分成不同角度的几段。图 8-28（a）的形式，开模一开始便开始侧抽芯，但这时斜导槽倾斜角 α 应小于 25°；图 8-28（b）的形式，开模后，滑销先在直槽内运动，因此有一段延时抽芯动作，直至滑销进入斜槽部分，侧抽芯才开始；图 8-28（c）的形式，刚开模时以较小角度侧抽芯，克服大的脱模阻力，脱开后，脱模阻力消失，就可以较大角度脱模，提高脱模速度。

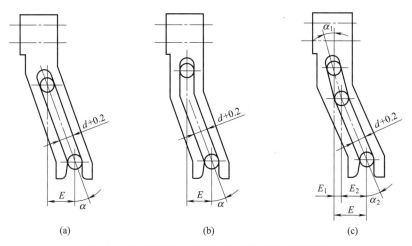

(a)　　　　　　　　　　(b)　　　　　　　　　　(c)

图 8-28　斜导槽侧向分型与抽芯机构的不同形式

8.4.3 齿轮齿条侧向分型与抽芯机构

① 传动齿条固定在定模一侧的结构如图 8-29 所示。

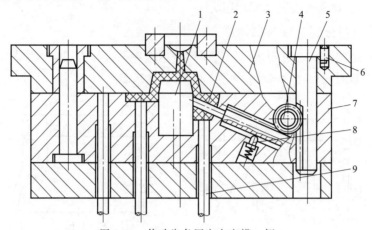

图 8-29 传动齿条固定在定模一侧

1—凸模；2—齿条型芯；3—定模板；4—齿轮；5—传动齿条；6—止转销；

7—动模板；8—导向销；9—推杆

② 传动齿条固定在动模一侧的结构如图 8-30 所示。

8.4.4 弹性元件侧抽芯机构

弹性元件侧抽芯机构可使模具结构紧凑，加工简便，但弹性元件有失效问题，因此适用于生产批量不大的模具。

图 8-31 所示为硬橡胶侧向抽芯机构，合模时，楔紧块 1 使侧型芯滑块 2 至成型位置。开模时，硬橡胶 3 使侧型芯滑块 2 侧向分型抽芯。

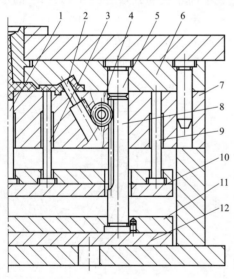

图 8-30 传动齿条固定在动模一侧

1—拉料杆；2—齿条型芯；3—推杆；4—齿轮；5—导向销；

6—定模板；7—动模板；8—传动齿条；9—复位杆；

10—二级推板；11—推杆固定板；12—一级推板

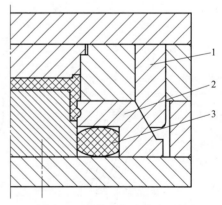

图 8-31 硬橡胶侧向抽芯机构

1—楔紧块；2—侧型芯滑块；3—硬橡胶

任务实施

电器下盖侧向分型与抽芯机构设计

在该制品侧面设计有一处破孔，影响了塑件脱模，而且也无法与动模形成擦破，由于该制品外观表面要求不允许有结合线，因此必须在动模侧设计斜顶抽芯机构，如图 8-32 所示。

该斜顶抽芯的设计细节如下。

① 结构参数。斜顶斜角为 8°，抽芯距为 4mm，需要的顶出行程为 $4/\tan 8° = 28.5$mm。而模架所能提供的顶出行程为 40mm，因此完全能够满足斜顶的抽芯行程。

② 斜顶固定形式。由于斜顶的角度及模板大小限制，因此固定方式采用工字槽镶在推板的滑座上，另外为了提高斜顶杆的强度，在模具中把斜顶杆缩短，相应

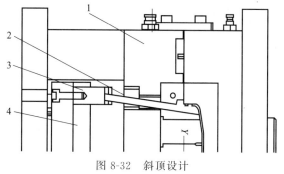

图 8-32　斜顶设计

1—动模板；2—斜顶杆；3—滑座；4—面针板

地提高了滑座的高度，滑座至产品高度最小为 86mm，也满足抽芯距所需的顶出行程。

③ 模板工艺处理。为了减少斜顶与模板之间的配合面，在动模板底部设置有扩孔，这样可以减少重复配合，使斜顶的滑动更加顺畅。

总结与思考

1. 为什么滑块锁紧面角度比斜导柱倾斜角大 2°～5°？
2. 在斜顶的设计中，如何确定斜顶与滑座的配合形式？

任务九　导向定位机构设计

能力目标

具有设计注射模具导向定位机构的能力。

知识目标

掌握导向定位机构的作用及形式。
掌握导向定位机构各零部件的结构设计技术要求。

任务导入

注射模的导向定位机构用于动、定模之间的开合模导向定位和脱模机构的运动导向定位。在模具进行装配和成型时，合模导向机构主要用来保证动模和定模两大部分或模内其他零件之间准确对合，以确保塑料制件的形状和尺寸精度，并避免模内各零部件发生碰撞和干涉。如图 9-1 所示。合模导向机构是塑料模具必不可少的组成部分，在模具中起着重要的作用。

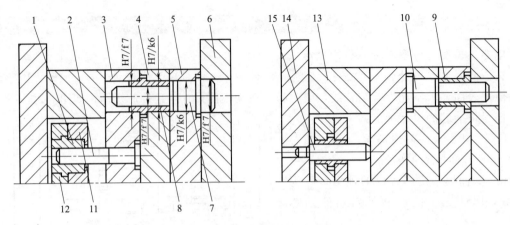

图 9-1   注射模的导向机构

1,8—带头导套（Ⅱ型）；2—带头导柱；3—支承板；4—动模板；5—定模板；6—定模座板；7—带肩导柱（Ⅱ型）；
9—带头导套（Ⅰ型）；10—带肩导柱（Ⅰ型）；11—推杆固定板；12—推板；13—垫块；14—动模座板；15—推板导柱

导向定位机构设计

教学案例展示

电器下盖的导向定位机构设计

导向定位机构概要

相关知识

9.1   导向定位机构概要

导向机构的作用如下。

（1）导向作用

动、定模合模时，首先导向零件相互接触，引导动、定模正确闭合，避免成型零件先接触而造成成型零件的损坏。

（2）定位作用

模具装配或闭合过程中，避免模具动、定模的错位，模具闭合后保证型腔形状和尺寸的精度。

① 保证形状：合模方向要求唯一性，即便型腔形状对称也按特定方向合模，所以导柱位置并不完全对称，或直径大小有区别。

② 保证尺寸：装配时导柱与导套的配合间隙值会直接影响合模对中精度。要适度调整，保证导柱导套定位后，不能影响塑件尺寸精度。

（3）承受一定的侧向压力作用

导向机构要有足够的强度和刚度，能承受一定的侧压力，来保证模具的正常工作。

① 高压熔体对型腔侧壁的作用力有可能使型腔扩张变形或产生单向侧压力。

② 成型设备精度低，导向机构会承受侧向压力。

③ 拉杆导柱为悬臂梁，移动模板的重量要求导柱能承受一定的侧向压力。

当侧向压力很大时，不能仅靠导柱来承担，需加设锥面定位装置。

导向定位机构按作用分为模外定位和模内定位。模外定位是通过定位圈使模具的浇口套与注射机喷嘴精确定位。而模内定位机构则通过导柱导套进行合模定位。精确定位用于动、定模之间的精密定位，主要采用锥面定位形式。

9.2 导柱导向机构设计

导向定系统设计

导柱导向机构是注射模中比较常用的一种导向形式，其主要零件是导柱和导套。

9.2.1 注塑模导柱的设计

（1）导柱结构和技术要求

① 导柱长度　按功能不同分为三段。

固定段 L_1：配合长度一般为导柱直径的 1.5～2 倍，如图 9-2 所示。

引导段：长度约取导柱直径的 1/3，如图 9-2 所示。

导向段：必须比型芯或凸模高度长 6～8mm，如图 9-3 所示。

总长度 L 顶端一般高出凸模最高端面 8～12mm，稍大型模具要高出 15～25mm，有斜导柱等侧向抽芯机构时，导柱导向段顶要比斜导柱顶端高出 10～15mm。当采用推件板推出时，要保证推件板不能脱离导柱。

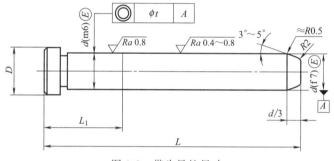

图 9-2　带头导柱尺寸

② 导柱形状　导柱端面做成锥形或半球形的先导部分，以使导柱能顺利地进入导向孔，如图 9-4 所示。

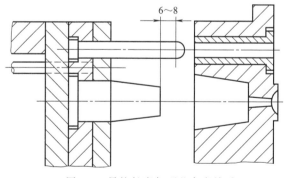

图 9-3　导柱长度与型芯高度关系

图 9-4　导柱形状

③ 导柱的数量、大小及布置　根据注射模具结构形状和尺寸，一般可设置 2～4 个导柱。导柱应合理均布在模具分型面的四周，导柱中心至模具边缘应有足够的距离，以保证模具强度。导柱直径：按经验值 $d/B = 0.06～0.1$（B 为模板宽度）选相近标准值；孔边距要足够大；导柱中心到模具边缘距离通常为导柱直径的 1～1.5 倍，导柱孔应避开型腔板应力最大处。

为确保模具装配或合模时方位的正确性，导柱的布置可采用等径导柱不对称或不等径导柱对称分布的形式，如图 9-5 所示。

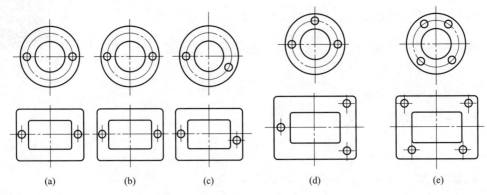

图 9-5 导柱在模具上的布置方式

导柱根据模具的具体结构需要，可以固定在动模一侧，也可以设置在定模一侧，如图 9-6 所示。通常为了脱模方便，一般将导柱设置在定模侧；如果模具采用推件板脱模时，导柱须设置在动模侧；如果模具采用三板式结构时（如点浇口模具），则动、定模两侧均需设置导柱。通常设在型芯高出分型面较多的一侧。德国 hasco、美国 dme 导柱是在 A 板上的，而龙记模架导柱一般在 B 板上。

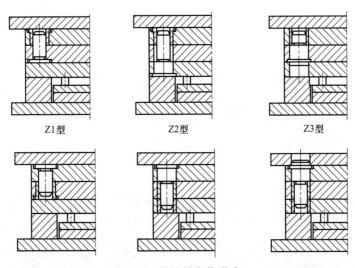

图 9-6 导柱的安装形式

④ 材料 导柱的表面应具有较好的耐磨性，而芯部坚韧，不易折断。因此，多采用低碳钢（20 号）经渗碳淬火处理，或碳素工具钢（T8、T10）经淬火处理，硬度为 50～55HRC。

（2）导柱的结构形式

导柱的典型结构如图 9-7 所示。

图 9-7（a）为带头导柱，结构简单，加工方便，用于简单模具的小批量生产时，一般不需要导套，导柱直接与模板上的导向孔配合；用于大批量生产时，可在模板中加设导套。带头导柱常用在标准模架中，导柱常选用标准件，标准件标记：带头导柱 12×100×25-20 钢，表示 $D=12\text{mm}$，$L=100\text{mm}$，$L_1=25\text{mm}$，材料 20 钢。

图 9-7（b）和（c）为有肩导柱的两种形式，用于精度要求高、生产批量大的模具。有

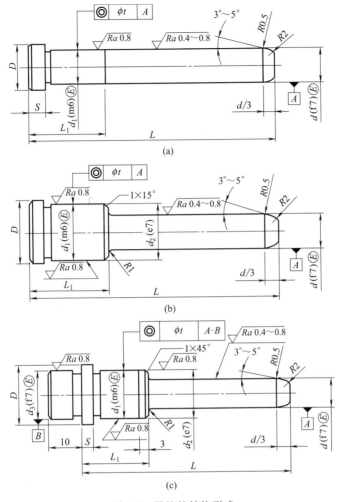

图 9-7 导柱的结构形式

肩导柱常用于自制模具，这样可使导套的外径与导柱的固定肩直径相等，也即导柱的固定孔径与导套的固定孔径大小一样，这样两孔可同时加工，以保证同轴度要求。其中图 9-7（c）所示导柱用于固定板较薄且有垫板的情况下，一般不太常用。导柱的导滑部分可根据需要加工出油槽，以便润滑和集尘，提高使用寿命。

9.2.2 导向孔的设计（有导套和无导套）

导向孔可以直接开设在模板上，该形式结构简单，适用于小批量生产、精度要求不高的模具，为了更换方便，保证导向精度，通常采用镶入导套的形式。

（1）导套的结构形式

导套的典型结构如图 9-8 所示。

图 9-8（a）所示为直导套，结构简单、加工方便，用于简单模具或大型模具模板较厚、导套嵌在模板中的场合；图 9-8（b）和（c）所示为带头导套，结构比较复杂，用于精度要求高的场合，其中图 9-8（c）所示导套用于两块板固定的场合。

（2）导套结构和技术要求

① 导套形状 为使导柱顺利进入导套，在导套的前端应倒圆角，并与模板之间留承屑

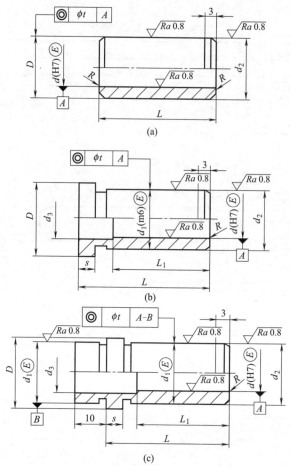

(a)

(b)

(c)

图 9-8　导套的结构形式

槽，如图 9-9 所示。导（套）向孔最好做成通孔，否则会由于孔中的气体无法逸出而产生反压，造成导柱导入的困难，当结构需要必须做成盲孔时，可在盲孔的侧面增加通气孔。

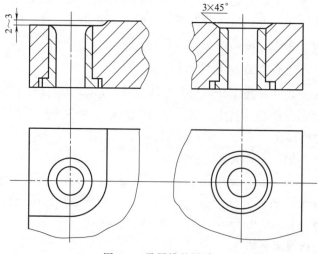

图 9-9　承屑槽的设计

② 导套材料　一般可用淬火钢或铜等耐磨材料制造，其硬度应比导柱低，以改善摩擦，防止导柱或导套拉毛。

9.2.3　导柱与导套的配合

① 配合精度　导柱固定部分与模板之间一般采用 H7/m6 或 H7/k6 的过渡配合，导柱的导向部分通常采用 H7/f7 或 H8/f7 的间隙配合。直导套采用 H7/n6 或较松的过盈配合，为了保证导套的稳固性，可采用螺钉止动结构。带头导套采用 H7/m6 或 H7/k6 的过渡配合。

② 表面粗糙度　导柱导套配合部分表面粗糙度一般不大于 $Ra0.63\sim1.25\mu m$。

③ 导柱与导套的配合形式　可根据模具结构及生产要求而不同，常见的配合形式如图 9-10 所示。图 9-10（a）用带头导柱，不用导套，直接在模板上加工导柱孔，容易磨损；图 9-10（b）用带头导柱和带肩导套；图 9-10（c）用带头导柱和直导套，这两种配合方式由于导柱和导套安装孔径不一致，不便于同时配合加工，在一定程度上不能很好地保证两者的同轴度；图 9-10（d）用带肩导柱和直导套；图 9-10（e）用带肩导柱和带头导套，这两种配合方式导柱和导套安装孔径一致，便于同时配合加工，能很好地保证两者的同轴度；图 9-10（f）用带肩导柱和带头导套，结构比较复杂。

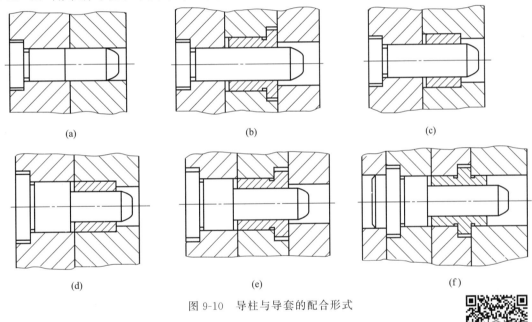

图 9-10　导柱与导套的配合形式

9.3　精定位机构设计

定系统设计

在成型大型、深腔、薄壁和高精度或偏心的塑件时，动、定模之间应有较高的合模定位精度，由于导柱与导向孔之间是间隙配合，无法保证应有的定位精度。另外在注射成型时往往会产生很大的侧向压力，如仍然仅由导柱来承担，容易造成导柱的弯曲变形，甚至使导柱卡死或损坏，因此还应增设精定位机构。

常见的精定位机构有以下两类。

9.3.1　A/B 板定位

（1）锥面定位块

如图 9-11 所示，在凹模板和型芯板上分别整体加工或镶嵌，分凹块和凸块。材料采用

Cr12MoV 经淬火硬度达 58～62HRC。数量为四个，对称或对角布置。定位倾斜角为 5°～10°。

（2）圆锥定位柱

如图 9-12 所示，可采用标准件，分凹套和凸销。材料与装配要求与上述定位块相同。

图 9-11　锥面定位块

图 9-12　定位柱

（3）边锁

如图 9-13 所示，分凹块和凸块，嵌入安装在 A/B 板四个侧面，共四个。分锥面锁和直身锁。材料与定位块相同。常用于大型模具和精密模具。

（4）整体锥面定位装置

如图 9-14 所示的锥面定位，该配合有两种情形：①两锥面之间有间隙，将淬火的零件装于模具上，使之和锥面配合，以制止偏移；②两锥面配合，这时两锥面应都要淬火处理，角度 5°～20°，高度为 15mm 以上。锥面定位要求锥形部位的贴合面不少于 80%，消除了配合间隙误差，使配合精度提高。在型腔的 x、y 方向上均设置锥面定位件，提高定位可靠性的同时型腔侧壁强度和刚度也得到加强，提高了模具工作安全性。

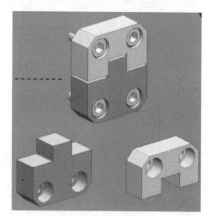

图 9-13　边锁

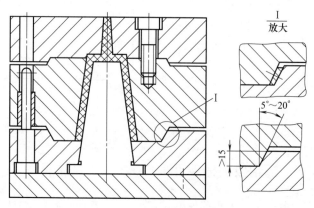

图 9-14　整体锥面定位装置

9.3.2　内模镶件定位（内模管位）

如图 9-15 所示，内模镶件定位位于模仁四角，在模仁上整体加工，可直接对模仁进行定位。定位面倾斜角 5°。

任务实施

电器下盖导向定位机构设计

本模具所成型的塑件存在对插面，为了确保产品成型的精度，除了采用模架本身所带的导向定位结构，还采用四组精定位组件保证定模板与动模板之间进行定位，另外内模管位对型芯与型腔进行定位，如图 9-16 所示。

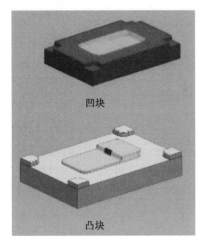

凹块

凸块

图 9-15　内模管位

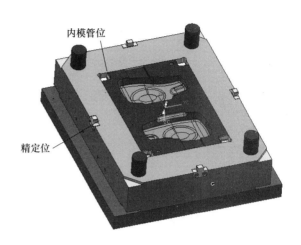

内模管位

精定位

图 9-16　定模侧定位机构

 总结与思考

1. 合模导向机构的作用是什么？
2. 导柱的结构形式有哪些？
3. 导柱设计时材料和尺寸有何要求？
4. 模具什么情况下要设计内模定位？
5. 边锁与导柱导套组合导向定位有什么好处？

任务十　脱模机构设计

 能力目标

能看懂结构原理图并根据塑件具体情况设计出合理的脱模机构的能力。
能设计自动化程度高、有特殊脱模需要的模具。

知识目标

掌握脱模机构的组成及简单脱模机构的类型。
掌握简单脱模机构的设计要点。
掌握复杂结构的脱模机构的分类、应用场合及工作原理。

 任务导入

注射模开模后，塑件会包在型芯上或留在型腔里，把成型后的塑料制件及浇注系统的凝料从模具中脱出，完成顶出脱模的机构称为脱模机构或顶出机构、推出机构。脱模机构的动作通常是由安装在注射机上的顶杆或液压缸来完成的。脱模机构设计的合理性与可靠性直接影响到塑料制件的质量，因此，脱模机构的设计是注射模设计的一个十分重要的环节。

脱模系统设计

教学案例展示

电器下盖的脱模机构设计

相关知识

10.1 脱模机构概要

脱模系统概要

10.1.1 脱模机构组成

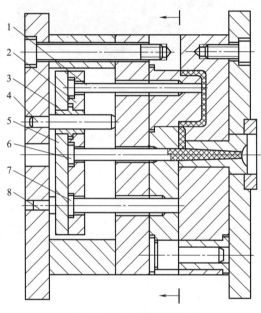

图 10-1 二板模推出机构

1—推杆；2—推杆固定板；3—推板导套；4—推板导柱；

5—推板；6—拉料杆；7—复位杆；8—限位钉

如图 10-1 所示，此模具的推出机构由图中标示的 8 个零件组成。这些零件分属如下几部分。

① 推出部件：凡与塑件直接接触并将塑件从模具型腔中或型芯上顶出脱下的元件称为推出部件，包括推出零件、拉料杆。不同模具推出形式不同，推出零件也不同，根据塑件特点形式不同，推出零件有推杆、推管、推件板、成型推杆等零件。

② 复位部件：脱模机构进行顶出动作后，在下次注射前必须复位，复位元件是为了使顶出机构能回复到合模注射时的位置，包括复位杆、复位弹簧等。

③ 导向部件：大中型模具还设有导向元件，用来对顶出机构进行导向，使其在顶出和复位工作过程中运动平稳无卡死现象，同时，对于顶板和顶杆固定板等零件起支承作用。这是由于大中型模具的顶板与顶杆固定板重量很大，若忽略了导向元件的设置，则它们的重量就会作用在顶杆与复位杆上，导致顶杆与复位杆弯曲变形，甚至顶出机构的工作无法顺利进行。导向部件包括推杆导柱、推杆导套。

④ 固定零件及其他配件：包括推出零件固定板、推板、固定螺钉、限位钉等。一般模具都设有限位钉，小型模具需 4 只，大中型模具需 6～8 只甚至更多。限位钉使顶板与动模座板间形成间隙，易保证平面度，并有利于废料、杂物的去除，此外还可以减少动模座板的机加工工作量和通过限位钉厚度的调节来调整推杆工作端的装配位置等。

10.1.2 推出机构的设计原则

不论哪种形式的推出机构，设计时都要遵循下列原则。

① 尽量设在动模一侧，因为注射机的顶出装置在动模一侧，塑件留于动模可使推出动作简单。

② 保证塑件不能变形，即脱模力作用位置尽量靠近型芯，脱模力应作用于塑件刚度及

强度最大的部位，作用力面积尽可能大。

③ 机构简单，动作可靠。

④ 保证良好的塑件外观。

⑤ 合模时能准确复位。

10.1.3 推出机构的类型

① 按其推出动作的动力来源分为手动推出机构、机动推出机构、液压气动推出机构。

② 按推出零件的类别，分为推杆推出机构、推管推出机构、推件板推出机构、凹模（或成型推杆块）推出机构、多元综合推出机构。

③ 按模具的结构特征，分为简单推出机构、动定模双向推出机构、顺序推出机构、二级推出机构、浇注系统凝料的脱模机构、带螺纹塑件的脱模机构等。

10.2 简单脱模机构设计

设计推出机构要根据塑件及模具结构的具体情况进行设计。简单推出机构的脱模行程一次完成，此类型应用最广泛。根据推出零件不同，简单推出机构可分为推杆推出机构、推管推出机构、推件板推出机构、活动镶块及凹模推出机构、多元综合推出机构等。

脱模系统
设计要点

10.2.1 推杆推出机构

（1）适用范围及特点

推杆与塑件接触面积小，易将塑件顶变形或损坏，有推出痕迹。因此适于脱模阻力小的简单塑件（即较平板类塑件，如梳子；或脱模斜度大的简单件）。很少用于拔模斜度小和脱模阻力大的管件或箱类塑件。推杆推出机构简单、灵活，易加工装配。

（2）推杆位置的设置

① 推杆应设在塑件不易变形、阻力大的地方，如型芯周围塑件对型芯包紧力很大，推杆应设在靠近型芯侧壁处。另外尽量选在垂直壁厚的下方，可以获得较大的顶出力。如图 10-2 所示。

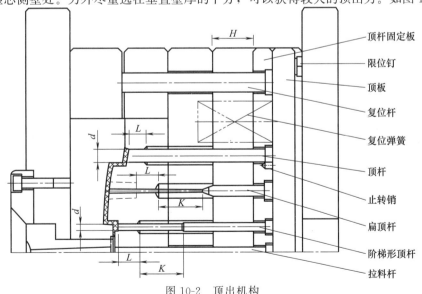

图 10-2 顶出机构

② 推杆应均匀布置，使塑件推出时受力均匀、平稳，不变形、不破裂。

③ 推杆应设在塑件强度、刚度较大处，如凸台、加强筋等，如图 10-2 中的扁顶杆。必

须设在薄壁处时，要增大推杆截面积，如用盘形推杆。如图 10-3 所示。

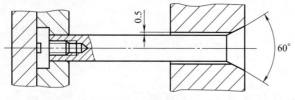

图 10-3　盘形推杆

④ 推杆应在排气困难的位置，可兼起排气的作用。另外避开冷却通道的位置。

⑤ 为保证外观没有推出痕迹，有时需增设推出耳。

（3）推杆的尺寸

① 推杆的直径　推杆在推塑件时，应具有足够的刚性，以承受推出力，当结构限制，推杆直径较小时，推杆易发生弯曲、变形。根据推杆稳定公式与强度公式校核，推杆直径一般取 $\phi 1.25 \sim 12\text{mm}$，只要条件允许，尽可能使用大直径推杆，防止推杆弯曲变形。另外每一副模具的推杆直径最好是设计成直径相同的，使加工容易。

② 推杆的长度　保证把塑件推出模具 10mm 左右；如果脱模斜度较大时可以顶出塑件深度的 2/3 就可以了。

（4）推杆的形状

常见形式的推杆已经标准化，如 GB/T 4169.1—2006 的标准推杆、GB/T 4169.15—2006 的扁推杆、GB/T 4169.16—2006 的带肩推杆。标准中规定了推杆的尺寸规格和公差，材料、硬度要求等并规定了标记，如：推杆 1×80 GB/T 4169.1—2006，表示 $D = 1\text{mm}$，$L = 80\text{mm}$ 的标准推杆。常用推杆的形状如图 10-4 所示。图 10-4（a）为直通式推杆，也称圆推杆，尾部采用台肩固定，通常在 $d > 3\text{mm}$ 时采用，是最常用的形式；图 10-4（b）为阶梯形推杆，由于工作直径比较细，故在其后部加粗以提高刚性，一般直径小于 $2.5 \sim 3\text{mm}$ 时采用；图 10-4（c）为扁推杆，适用于制件处较深的筋位顶出，兼顾排气，但加工困难，推杆孔需要线切割加工。

特殊情况下，推杆的截面形状可根据推出部位的形状不同而不同，称为异型推杆，很少采用，如图 10-5 所示。

（5）推杆的固定及装配

① 推杆的固定　图 10-6 所示为推杆的固定形式。图 10-6（a）为带台肩的推杆与固定板连接的形式，这种形式是最常用的形式；图 10-6（b）采用垫块或垫圈来代替图 10-6（a）中固定板上的沉孔，这样可使加工简便；图 10-6（c）、（d）、（f）是用螺钉直接固定的方法；图 10-6（e）是把推杆铆接到固定板上。

另外为防止顶针转动，常用台阶边加定位销定位方式，如图 10-7 所示。

② 推杆配合间隙　推杆与孔的配合长度一般只需推杆直径的 2～3 倍，但最小不能小于 10mm，为间隙配合，其他部分比孔径小 1mm 左右。长度一般可以允许顶杆侵入塑件不超过 0.1mm，一般不允许推杆端面低于塑件成型表面。推杆加工时应加长一些，在装配中配磨确定最后的长度。

推杆、阶梯形推杆、扁推杆配合部位如图 10-8～图 10-10 所示，配合要求如下。

a. 推杆工作部分与模板或型芯上推杆孔的配合常采用 H8/f7～H8/f8 的间隙配合，视推杆直径的大小与塑料品种的不同而定。推杆直径大、塑料流动性差，可以取 H8/f8，反之采用 H8/f7。

b. 推杆与推杆孔的配合长度视推杆工作直径的大小而定，当 $d < 5\text{mm}$ 时，配合长度可取 12～15mm；当 $d > 5\text{mm}$ 时，配合长度可取（2～3）d。推杆工作端配合部分的表面粗糙

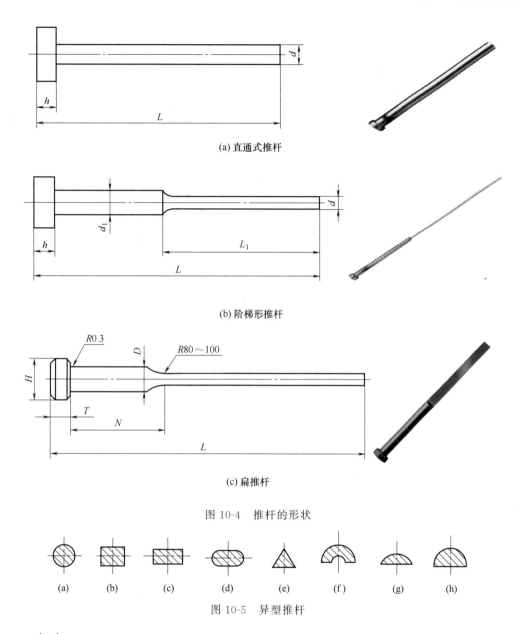

(a) 直通式推杆

(b) 阶梯形推杆

(c) 扁推杆

图 10-4　推杆的形状

(a)　(b)　(c)　(d)　(e)　(f)　(g)　(h)

图 10-5　异型推杆

度 Ra 一般为 $0.8\mu m$。

c. 推杆、阶梯形推杆及扁推杆孔在其余非配合段的尺寸为 $d+0.8mm$ 或 $d_1+0.8mm$，台阶固定端与推杆固定板孔间隙为 $0.5mm$。

d. 推杆、扁推杆底部端面与推板底面必须齐平。

e. 如图 10-11 所示，推杆顶部端面与型腔底面应齐平，高出型腔底面表面 $e=0.1mm$。

10.2.2　推管推出机构

（1）适用范围及特点

推管是一种空心的推杆，它适用于环形、筒形塑件或塑件上带有孔的凸台部分的顶出。由于推管整个周边接触塑件，故推出塑件的力量均匀，动作均衡可靠、无明显的推出痕迹，塑件不易变形，但不适用于软塑料或薄壁深筒形件的推出。

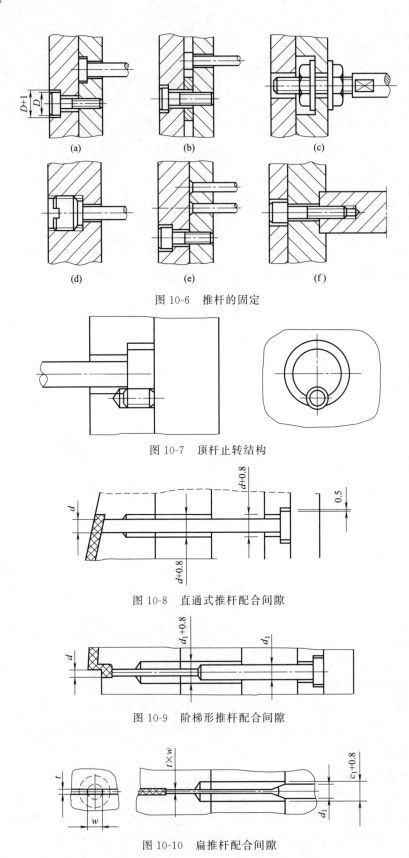

图 10-6　推杆的固定

图 10-7　顶杆止转结构

图 10-8　直通式推杆配合间隙

图 10-9　阶梯形推杆配合间隙

图 10-10　扁推杆配合间隙

（2）推管机构的基本形式

图 10-12 为常用的推管机构，推管（也称顶杆）固定在推杆固定板上，而中间型芯则固定在动模座板上，底部用平头螺塞进行轴向固定，这种结构定位准确，顶管强度高，型芯维修和更换方便，容易实现标准化，因此这种推管机构已经实现了标准化、系列化，在注射模具中应用得非常普遍。

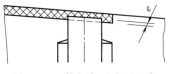

图 10-11　推杆与型腔面配合

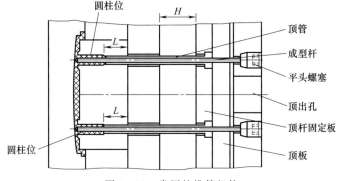

图 10-12　常用的推管机构

但这种型芯固定在模具底板上的形式，型芯较长，常用在推出距离不大的场合，如图 10-13（a）所示。当推出距离较大时可采用图中的其他形式，如图 10-13（b）、（c）所示，型芯固定在支承板上。

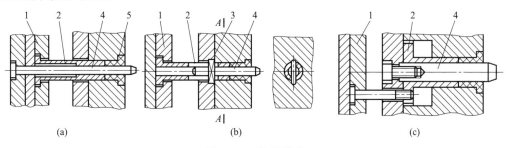

图 10-13　推管形式

（3）推管的固定与配合

推管推出机构中，推管的精度要求较高，间隙控制较严。

① 推管固定部分的配合：推管的固定与推杆的固定类似，推管外侧与推管固定板之间采用单边 0.5mm 的大间隙配合。

② 推管工作部分的配合：推管工作部分的配合是指推管与型芯之间的配合和推管与成型模板的配合。推管的内径与型芯的配合，当直径较小时选用 H8/f7 的配合，当直径较大时选用 H7/f7 的配合；推管外径与模板上孔的配合，当直径较小时采用 H8/f8 的配合，当直径较大时选用 H8/f7 的配合。

为了保证推管在推出时不擦伤型芯及相应的成型表面，推管的外径应比塑件外壁尺寸小 0.5mm 左右；推管的内径应比塑件的内径每边大 0.2～0.5mm。如图 10-14（a）所示，推管与成型模板的配合长度为推管直径 D 的 1.5～2 倍，与型芯的配合长度应比推出行程大 3～5mm，推管的厚度也有一定要求，一般取 1.5～5mm，否则难以保证其刚性。其余无配合段尺寸为 $D+0.8mm$，如图 10-14（a）所示。

另外，当推管的型芯直径较大时，其固定端采用垫块方式固定，如图 10-14（b）所示。

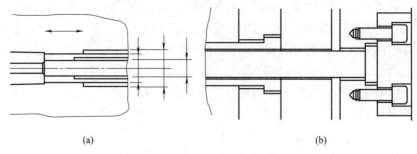

（a）   （b）

图 10-14　推管的固定与配合

10.2.3　推件板推出机构

（1）适用范围及特点

适用于塑件内孔为圆形的或形状简单的薄壁容器、壳体零件，这类塑件对型芯会产生较大的包紧力，脱模时易产生真空，脱模阻力大，另外不允许有推出痕迹的塑件也可采用推件板推出。

推件板推出作用面积大，推出力大而均匀，运动平稳，并且塑件上无推出痕迹。但如果型芯和推件板的配合不好，则在塑件上会出现毛刺，而且塑件有可能会滞留在推件板上。另外分型面上非圆形轮廓塑件会使推件板与型芯配合部分的加工较麻烦，现多采用线切割方法。

（2）推件板的结构形式

如图 10-15 所示是推件板推出机构的结构形式。

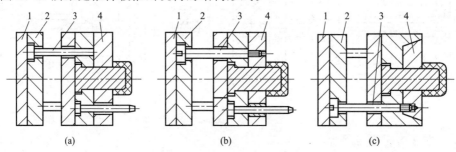

（a）   （b）   （c）

图 10-15　推件板推出机构的结构形式

1—推板；2—推杆固定板；3—复位杆；4—推件板

（3）推件板脱模机构设计要点

① 推件板与型芯的配合结构应呈锥面。这样可减少运动擦伤，并起到辅助导向作用；推件板与型芯间留 0.20～0.25mm 的间隙，并用锥面配合，以防止推件板因偏心而溢料，锥面斜度应为 3°～10°。如图 10-16 所示。

② 推件板与塑件接触部位要有一定的硬度与表面粗糙度，对于大批量的高精度塑件成型，常将推件板设计成局部镶嵌的组合结构。

③ 对于大型的深腔塑件或用软塑料成型的塑件，推件板推出时，塑件与型芯间容易形成真空，造成脱模困难，为此应考虑增设引气装置。图 10-17 所示结构是靠大气压力，使中间进气阀进气，塑件便能顺利地从凸模上脱出。另外也可采用中间直接设置推盘的形式，使推出时很快进气。

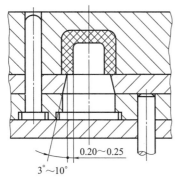

图 10-16　推件板与型芯的配合

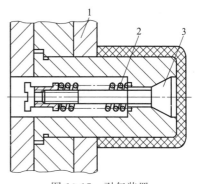

图 10-17　引气装置

1—推件板；2—弹簧；3—进气阀

10.2.4 推块推出机构

（1）适用范围及特点

当有些塑件不宜采用上述推出机构时，如成型螺纹、带凸缘件或成型齿轮，或端面平直，不希望有推出痕迹时，可利用活动镶件或推块将塑件推出。如图 10-18 所示。

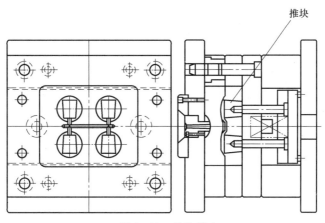

图 10-18　推块推出

（2）推块设计要点

① 推块应有较高的硬度和较小的表面粗糙度；选用材料应与相配合的模板有一定的硬度差；推块需渗氮处理（除不锈钢不宜渗氮外）。

② 推块与模板间的配合间隙以不溢料为准，并要求滑动灵活；推块滑动侧面开设润滑槽。

③ 推块与模板配合侧面应设计成锥面，不宜采用直面配合。

④ 推块锥面结构应满足顶出距离（H_1）大于制件顶出高度，同时小于推块高度的一半以上。

⑤ 推块顶出应保证稳定，对较大推块须设置两个以上的推杆。

10.2.5 综合推出机构

采用单一的推出机构不能脱出塑件，甚至会造成塑件变形、损坏，因此，就要采用两种或两种以上的推出形式，这种推出机构即称为综合推出机构。综合推出机构有推杆、推件板

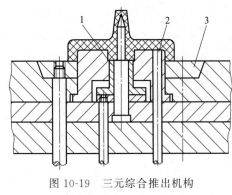

图 10-19　三元综合推出机构

1—推管；2—推杆；3—推件板

综合推出机构，也有推杆、推管综合推出机构等等。如图 10-19 所示为推杆、推管、推件板三元综合推出机构。

10.3　复杂脱模机构设计

根据推出时的特殊需要，其他推出机构主要包括二次推出机构、双向推出机构、点浇口凝料推出机构、螺纹推出机构等。

10.3.1　二次推出机构

当有些塑件采用一次推出，容易发生变形，甚至破坏时，就采用二次推出，以分散脱模力，使塑件能顺利脱模。

实现二次推出的形式很多，常见有以下几种设计。

（1）单推板二次推出机构

该推出机构中只设置了一组推板和推杆固定板，另一次推出则是靠一些特殊零件的运动来实现的。

① 弹簧式二次推出机构　弹簧式二次推出机构如图 10-20 所示，开模时利用弹簧实现一次推出，然后由推杆完成二次推出。结构简单，但弹簧易失效，需要及时更换。

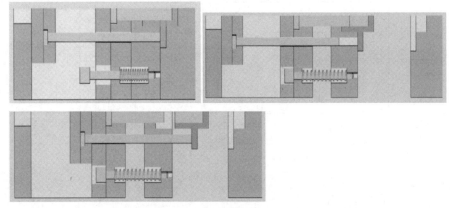

图 10-20　弹簧式二次推出机构

② 斜楔滑块式二次推出机构　如图 10-21 所示，推出时，首先由注射机顶杆作用在推板 2 上，由于推杆 8 顶在斜楔 4 上，所以推板会推动 8，进而推动推件板 7 和推杆 10，共同推动塑件从型芯上脱出，完成一次推出，这时塑件还留在推件板 7 中，继续推出后，当挡板 6 压在斜楔 4 的斜面上，迫使 4 向内移动，8 就会进入 4 的孔中，这时推板就不能推动 8，推件板 7 也不再移动，只有推杆 10 还向前继续推出，把塑件从 7 中推出，完成第二次推出。

③ 摆块拉杆式二次推出机构　如图 10-22 所示，开模一定距离后，拉杆 10 会压下摆块 7 向内移动，7 顶起推件板 9，使塑件脱离主型芯 3，完成一次推出。开模完成后推出机构正常工作，由推杆 11 把塑件从推件板推出，完成二次推出。

④ U 形限制架式二次推出机构　如图 10-23 所示，开始推出后，首先由 U 形限制架 8 顶在凸起 6 上，进而推动推件板把塑件从主型芯脱出，完成第一次推出。继续推出，当销钉 11 挡住挡板，推件板不能移动时，推出机构继续前行就会迫使 U 形限制架被向两侧推开，

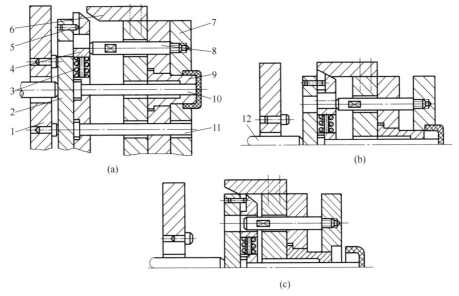

图 10-21　斜楔滑块式二次推出机构

1—动模座板；2—推板；3—弹簧；4—斜楔；5—导向销；6—挡板；

7—推件板；8,10—推杆；9—型芯；11—复位杆；12—注射机顶杆

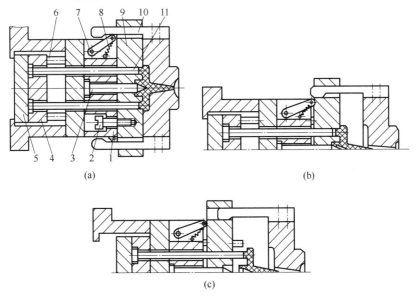

图 10-22　摆块拉杆式二次推出机构

1—动模板；2—定距螺钉；3—主型芯；4—推杆固定板；

5—推板；6—复位杆；7—摆块；8—弹簧；9—推件板；10—拉杆；11—推杆

只有推杆 3 还继续推动塑件，完成第二次推出。

（2）双推板二次推出机构

利用两块推板，分别带动一组推出零件实现二次推出。

① 八字摆杆式二次推出机构　如图 10-24 所示，开始推出后，首先由推板 1 和推杆 2 推动推件板 9，使塑件从主型芯脱出，完成第一次推出，继续推出，当一级推板压到摆杆 6，摆杆会摆动一定角度，如图 10-24（c）所示，摆动造成二级推板和一级推板有了相对移动，

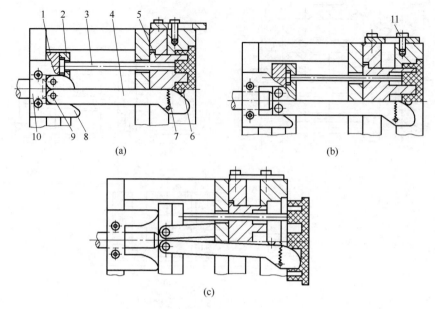

图 10-23　U形限制架式二次推出机构

1—推板；2—推杆固定板；3—推杆；4—摆杆；5—型芯；6—凸起；

7—弹簧；8—U形限制架；9—销钉；10—注射机顶杆；11—销钉

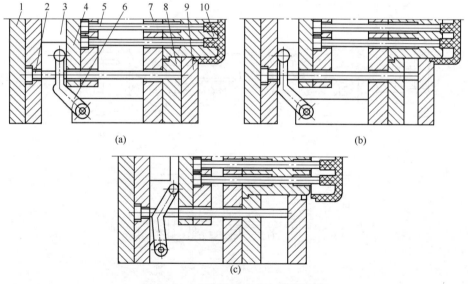

图 10-24　八字摆杆式二次推出机构

1—推板；2,5—推杆；3—推块；4—二级推板；6—摆杆；

7—支承板；8—动模板；9—推件板；10—主型芯

从而推动推杆 5 把塑件从推件板推出，完成二次推出。

　　② 斜楔拉钩式二次推出机构　　如图 10-25 所示，推出开始时，由于拉钩 6 钩在推杆固定板 3 上，造成几块推板共同运动，推动推杆 9，再推动推件板 11 把塑件从主型芯上脱出，当推出机构继续前行，斜楔 10 会压到拉钩 6 上，使 6 摆动脱钩，注射机顶杆 4 这时只推动推板 2 前进，进而推动推杆 1 把塑件从推件板推出，完成二次推出。

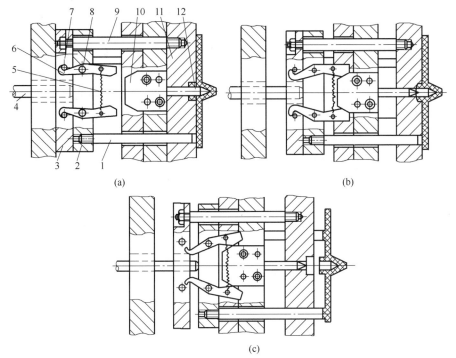

图 10-25　斜楔拉钩式二次推出机构

1—推杆；2—推板；3—推杆固定板；4—注射机顶杆；5—弹簧；6—拉钩；

7—销钉；8—拉钩轴；9—推杆；10—斜楔；11—推件板；12—型芯

10.3.2　动定模双向推出机构

适用范围：有些特殊的塑件，开模后留模方位不确定，有可能在动模，也有可能在定模（动、定模两侧均设置推出机构）。如图 10-26 所示的齿轮塑件，为了其能顺利地脱模，需考虑动、定模两侧都设置推出机构。定模侧利用弹簧 2 推出。

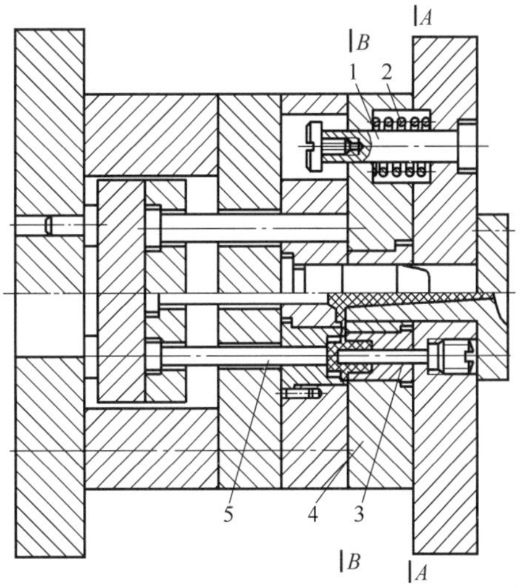

10.3.3　浇注系统凝料的脱模机构

浇注系统凝料的脱模一般所指的就是点浇口浇注系统凝料的脱模。

（1）单型腔凝料的自动脱模

在图 10-27 所示的单型腔点浇口浇注系统凝料的自动推出机构中，浇口套 7 以 H8/f8 的间隙配合安装在定模座板 5 中，外侧有压缩弹簧 6，注射定型完成后，注射机喷嘴后退，浇口套与主流道凝料即分离。

（2）多型腔凝料的自动脱模

图 10-26　动定模双向推出机构

1—定距拉杆；2—弹簧；3—型芯；

4—中间板；5—推杆

图 10-28 所示为利用分流道拉断浇注系统的结构。在分流道的尽头加工一个斜孔，开模时由于斜孔内冷凝塑料的作用，使浇注系统在浇口处与塑件断开，同时在动模板上设置了反

锥度拉料杆 2，使主流道凝料脱出定模座板 5，并使分流道凝料拉出斜孔。

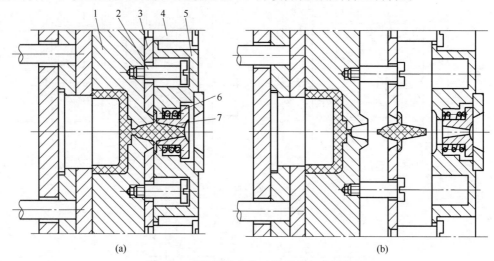

(a)   (b)

图 10-27   单型腔点浇口凝料的自动脱模

1—定模板；2,4—定距螺钉；3—推料板；5—定模座板；6—压缩弹簧；7—浇口套

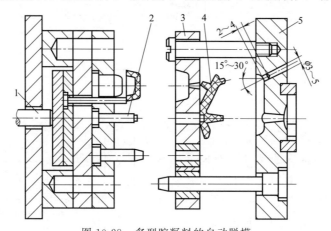

图 10-28   多型腔凝料的自动脱模

1—注射机顶杆；2—拉料杆；3—推件板；4—浇注系统凝料；5—定模座板

10.3.4　带螺纹塑件的脱模机构

（1）强制脱模

这种脱模方式多用于螺纹精度要求不高的场合，采用强制脱模，可使模具结构简单，对于聚乙烯、聚丙烯等软性塑料，塑件上深度不大的半圆形粗牙螺纹，可利用推件板把塑件强行脱出模腔，如图 10-29 所示。

（2）手动脱模

图 10-30 是模内手动脱螺纹的例子，塑件成型后，需用带方孔的专用工具先将螺纹型芯脱出，然后再由推出机构将塑件从模腔中脱出。

（3）机动脱模

使用旋转方式脱螺纹，塑件与螺纹型芯或型环之间除了要有相对转动以外，还必须有轴向的移动。如果螺纹型芯或型环在转动时，塑件也随着一起转动，则塑件就无法从螺纹型芯或型环上脱出。为此，在塑件设计时应特别注意塑件必须带有止转的结构，例如装药片用的塑料瓶的盖子,其外侧的直纹就是为了止转。图 10-31 所示是塑件上带有止转结构的各种形式。

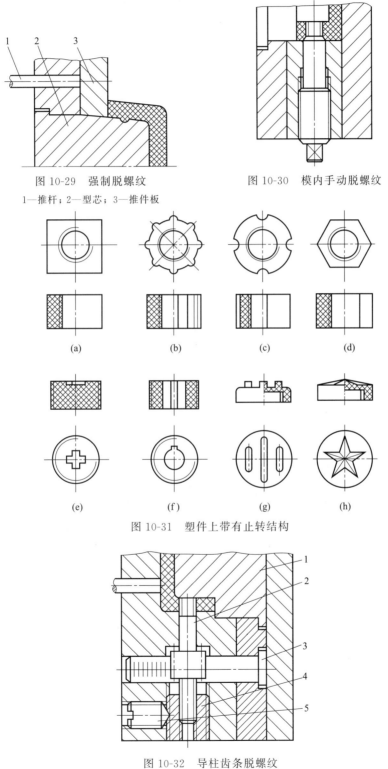

图 10-29 强制脱螺纹
1—推杆;2—型芯;3—推件板

图 10-30 模内手动脱螺纹

图 10-31 塑件上带有止转结构

图 10-32 导柱齿条脱螺纹
1—主型芯;2—螺纹型芯;3—导柱尺条;4—固定螺母;5—止转螺钉

① 利用开合模动作使螺纹型芯脱模与复位　图 10-32 所示为横向脱螺纹的结构，它是利用固定在定模上的导柱齿条在开模的同时，完成抽螺纹型芯的动作。

② 直角式注射模的自动脱螺纹机构　图 10-33 所示是一个成型带螺纹塑件的直角式注射模。图中 3 是齿轮，它的动力来自于螺杆 1，当开合模时，模具上的螺母带动螺杆 1 转动，进而带动齿轮轴 2 转动。弹簧 7 和定距螺钉 8 在最初开模时使塑件不能脱离型腔 5，达到止转的目的。

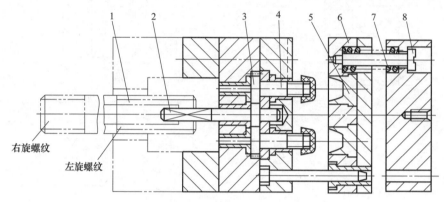

图 10-33　直角式注射模的自动脱螺纹机构
1—螺杆；2—齿轮轴；3—齿轮；4—型芯；5—型腔；6—定模板；7—弹簧；8—定距螺钉

任务实施

电器下盖脱模机构设计

本塑件采用推杆＋推管顶出，均匀分布在塑件的各个包紧力较大的位置。如图 10-34 所示。

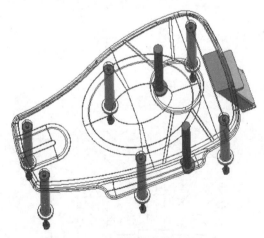

图 10-34　电器下盖脱模机构设计

总结与思考

1. 推出机构组成有哪些？
2. 推出机构按推出零件类别可分为哪几类？
3. 推杆推出位置的选择原则是什么？

4. 什么情况下必须采用推管推出？

5. 注塑模具什么情况下需设计二次推出机构？

任务十一 模具温度调节系统设计

能力目标

能根据塑件及模具的特点确定模具的冷却系统结构及尺寸，设计合理的注射模冷却系统。

知识目标

掌握冷却系统的设计原则。

掌握冷却系常见的结构形式。

掌握冷却系统的设计要点。

任务导入

模具温度对制件的成型质量、成型效率有着较大的影响。在温度较高的模具里，熔融塑料的流动性较好，有利于熔料充填型腔，获取高质量的制件外观表面，但会使熔料固化时间变长，顶出时易变形，对结晶态塑料而言，更有利于结晶过程进行，避免存放及使用中制件产生银纹、熔接痕等缺陷。

不同的塑件具有不同的加工工艺性，并且各种塑件的表面要求和结构不同，为了在最有效的时间内生产出符合质量要求的制件，这就要求模具保持一定的温度，模温越稳定，生产出的制件在尺寸形状、制件外观质量等方面的要求就越一致。因此，除了模具制造方面的因素外，模具温度是控制制件质量高低的重要因素，模具设计时应充分考虑模具温度的控制方法。

温度调节系统设计

■ 教学案例展示

电器下盖的温度调节系统设计

■ 相关知识

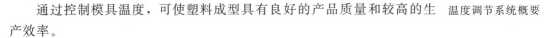

11.1 温度调节系统概要

11.1.1 模具温度调节的重要性

通过控制模具温度，可使塑料成型具有良好的产品质量和较高的生产效率。

温度调节系统概要

（1）模具温度对塑料制品质量有影响

① 模具温度过低，熔体流动性差，制品轮廓不清晰，不能充满型腔或形成熔接痕；热固性塑料则固化不足，性能严重下降。

② 模具温度过高，成型收缩率大，脱模和脱模后制品变形大，易造成溢料和粘模；热固性塑料则过熟。

③ 模具温度不均匀，型芯和型腔温度差过大、内应力增大、制品收缩不均匀，易翘曲变形。

（2）模具温度对模塑周期有影响

在注射模塑中，注射时间约占 5％，冷却时间约占 80％，脱模时间约占 15％。缩短模塑周期的关键是缩短冷却时间。在保证制件质量和成型工艺顺利进行的前提下，通过降低模温来缩短冷却时间，是提高生产效率的关键。

11.1.2　模温控制的原则

为了保证在有效的时间内生产出外观质量高、尺寸稳定、变形小的制件，设计时必须清楚了解模具温度控制的基本原则。

① 不同材料要求有不同的模具温度。常用塑料注射时熔料温度及模具温度见表 11-1。

表 11-1　常用塑料注射时熔料温度及模具温度

塑料名称	ABS	AS	HIPS	PC	PE	PP
熔料温度/℃	210～230	210～230	200～210	280～310	200～210	200～210
模具温度/℃	60～80	50～70	40～70	90～110	35～65	40～80
塑料名称	PVC	POM	PMMA	PA6	PS	TPU
熔料温度/℃	160～180	180～200	190～230	200～210	200～210	210～220
模具温度/℃	30～40	80～100	40～60	40～80	40～70	50～70

一般情况黏度低、流动性好或黏流温度 T_f 低、熔点 T_m 低的塑料，例如聚乙烯、聚丙烯、聚苯乙烯、聚酰胺等，用常温水或制冷水对模具进行冷却；而对于黏度高、流动性差或黏流温度 T_f 高、熔点 T_m 高的塑料，例如聚碳酸酯、聚砜、聚甲醛、聚苯醚和氟塑料等，需用温水或对模具进行加热；热固性塑料需要较高的模具温度促使交联反应进行。

② 不同表面质量、不同结构的模具要求不同的模具温度，这就要求在设计模温控制系统时具有针对性。如小型薄壁，产量小的模具可依靠自然冷却，不用设置模温控制系统。

③ 定模的温度高于动模的温度，一般情况下温度差为 20～30℃。

定模的温度高于动模的温度，这样就使塑料制件更容易在模具冷却后包在动模型芯上，有利于顶出制件。

④ 当实际的模具温度不能达到要求模温时，应对模具进行升温。因此模具设计时，应充分考虑塑料带入模具的热量能否满足模温要求。

对于流程长、壁厚较小的塑件，或者黏流温度或熔点虽然不高但成型面积很大的塑件，为了保证塑料熔体在充模过程中不至温度下降太大而影响充模，这时应设置加热装置对模具进行预热。

⑤ 模温应控制均衡，不能有局部过热、过冷。

通过控温系统的调节，使模腔各个部位上的温度基本相同，模温均匀，就能保证塑件的各个部分能够均匀冷却，而这是保证塑件不会出现翘曲变形等缺陷的前提条件。在较长时间内，即在生产过程中的每个成型周期中，模具温度也应均衡一致。

11.1.3　模具温度的控制方式

对模具进行加热或冷却，一般是通过调节传热介质的温度，增设隔热板、加热棒的方法来控制。传热介质一般采用水、油等，其通道常被称为冷却水道。

① 降低模温时，一般采用通过模温机对水进行冷却，并通入模具冷却水道来实现。

② 升高模温，一般采用在冷却水道中通入热水、热油（热水机加热）来实现。当模温

要求较高时，为防止热传导对热量的损失，模具面板上应增加隔热板。

③ 热流道模具中，流道板温度要求较高，须由加热棒加热，为避免流道板的热量传至前模，导致前模冷却困难，设计时应尽量减少其与前模的接触面。

11.2　冷却系统设计

冷却系统的设计应做到系统内流动的介质能充分吸收成型塑件所传导的热量，使模具成型表面的温度稳定地保持在所需的温度范围内，并且要做到使冷却介质在冷却系统内流动畅通。冷却系统由冷却水路和连接零件组成，连接零件包括水堵、密封圈、水嘴等。

模具冷却系统

11.2.1　模具冷却系统设计原则

设置冷却效果良好的冷却系统的模具是缩短成型周期、提高生产效率最有效的方法。如果不能实现均一的快速冷却，则会使塑件内部产生应力而导致产品变形或开裂，所以应根据塑件的形状、壁厚及塑料的品种，设计与制造出能实现均匀、高效的冷却系统。

（1）模具结构允许情况下，冷却水道应尽量多、截面尺寸应尽量大，使冷却更快速更均匀

只要有塑料熔体流经的成型部件（包括大型滑块、大型斜顶块等），都应设置有冷却回路。型腔表面的温度与冷却水道的数量、截面尺寸及冷却水的温度有关。图 11-1 所示是在冷却水道数量和尺寸不同的条件下通入不同温度（45℃和 59.83℃）的冷却水后，模具内的温度分布情况。由图可知，采用 5 个较大的水道孔时，型腔表面温度比较均匀，出现 60～60.05℃的变化，如图 11-1（a）所示；而同一型腔采用 2 个较小的水道孔时，型腔表面温度出现 55～66.16℃的变化，如图 11-1（b）所示。由此可以看出，为了使型腔表面温度分布趋于均匀，防止塑件不均匀收缩和产生残余应力，在模具结构允许的情况下，应尽量多设冷却水道，并使用较大的截面面积。但考虑到冷却介质的流动状态，冷却水道的截面面积也不应过大，一般控制在 $\phi12$mm 以内。

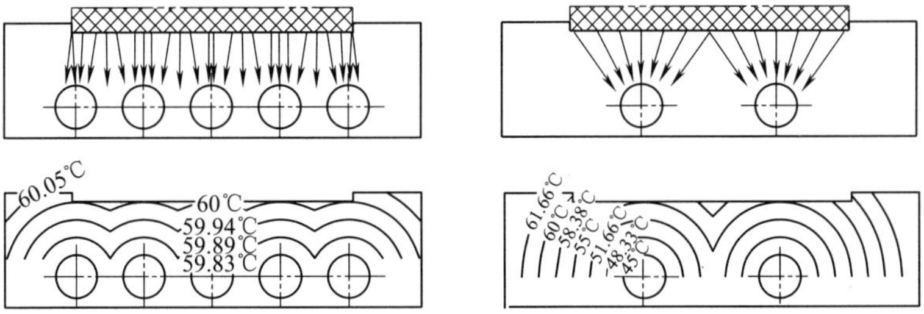

(a)　　(b)

图 11-1　冷却水道数量和尺寸不同对模温的影响

（2）合理确定冷却水道与型腔表面的距离

如图 11-2 所示，壁厚均匀时，冷却水道至型腔表面距离尽量相等；壁厚不均时，厚处冷却水道离表面要近些，间距也可小些，这样才能使塑件的各个部分得到充分、均匀的冷却，以避免翘曲变形。

一般设计 $L \geqslant 10$mm（常用 12～15mm），$L_1=(1.5\sim2)d$，$L_2=(3\sim5)d$，水道孔径为 10mm 左右，与塑件壁厚与模具大小有关，见图 11-3。

（3）浇口处加强冷却

成型时高温的塑料熔体由浇口充入型腔，浇口附近模温较高、料流末端温度较低。此时将

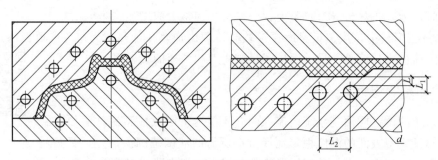

图 11-2　冷却水道至型腔表面距离尽量相等

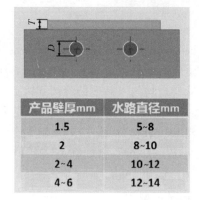

产品壁厚mm	水路直径mm
1.5	5~8
2	8~10
2~4	10~12
4~6	12~14

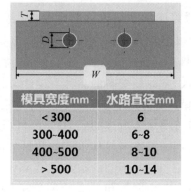

模具宽度mm	水路直径mm
< 300	6
300~400	6~8
400~500	8~10
> 500	10~14

图 11-3　冷却水道孔径尺寸

冷却水入口设在浇口附近，就能使冷却水总体流向与型腔内熔体流向趋于相同，以达到冷却比较均匀的效果。图 11-4 所示分别为侧浇口、多点浇口、直接浇口的冷却水道的排布形式。

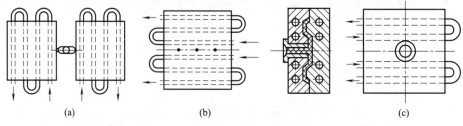

(a)　　　　　　　　　　(b)　　　　　　　　　　(c)

图 11-4　浇口处加强冷却

（4）冷却水道出、入口温差应尽量小

如果冷却水道较长，则冷却水出、入口的温差就比较大，易使模温不均匀，所以在设计时应引起注意。图 11-5 (b) 的形式比图 11-5 (a) 的形式好，降低了出、入口冷却水的温差，提高了冷却效果。精密塑件要求该温度差在 2℃ 以内，一般塑件在 5℃ 以内。对模具水道有串联式和并联式两种使用方式。

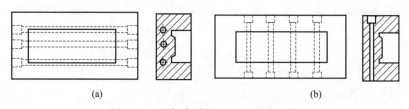

(a)　　　　　　　　　　　　　　(b)

图 11-5　冷却水道出、入口温差比较

（5）冷却孔要避开塑件产生熔接痕部位

熔接痕是料流汇集形成的，会造成制品出现裂纹，甚至影响强度，因此尽量争取在料流汇集前不要冷凝太快。图 11-6 所示的水道设计避开了熔接痕易产生的位置。

（6）冷却通道应密封，以免漏水

冷却通道应避开模具内推杆孔、螺纹孔等。水路接头、接缝处必须密封，防止漏水。水路尽量不要穿过镶块，若必须穿

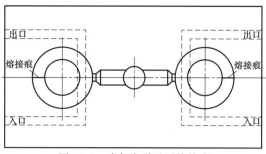

图 11-6　冷却水道避开熔接痕

过镶块，如图 11-7 所示的阶梯式冷却水路形式，则要穿过镶块装配时的承压面，并加装密封圈。当水道发生相贯时，应采取措施使水只可定方向连续流出，避免有水不能流动的死角。水道壁应加工光滑，以使清除水道污垢方便，经较长使用时间后，冷却效果一致。

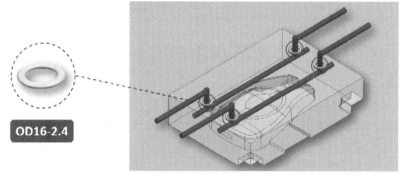

图 11-7　冷却水道穿过镶块处加装密封圈

（7）冷却水道应沿着塑料收缩的方向设置

对收缩率较大的塑料，例如聚乙烯，冷却水道应尽量沿着塑料收缩的方向设置。图 11-8 所示是方形塑件采用中心浇口（直接浇口）的冷却水道，冷却水道从浇口处开始，以方环状向外扩展。

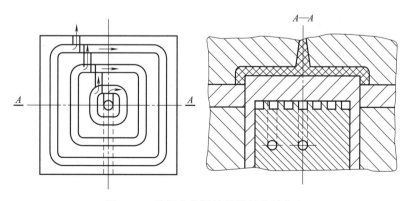

图 11-8　冷却水道设计使塑件收缩均匀

11.2.2　常见冷却水路的形式

常见的冷却水路有直通式、阶梯式、隔水式、盘旋式四种。

（1）直通式

直通式一般用于小模具的整体式凸、凹模，直通式又分为平行直通式和非平行直通式。平行直通式贯穿模板，离塑件较远，冷却效果差，采用较少，如图 11-9（a）所示；非平行直通式相对离制件近，采用较多，一般用于浅型腔扁平塑件在使用侧浇口的情况下采用，如图 11-9（b）所示。

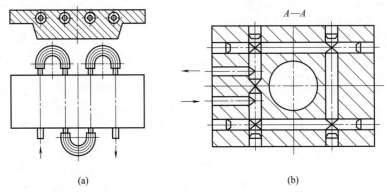

图 11-9　直通式冷却水道

（2）阶梯式

由于现代模具模仁的广泛采用，冷却水道更多地被布置成阶梯式水道形式，如图 11-10 所示，各种深度型腔均适用。当型腔深度较深时，为加强冷却，水道可采用沟道式和多级式；在凸模中，可按塑件形状铣出矩形截面的冷却槽，如图 11-10（a）所示。凹模则可采用如图 11-10（a）、（b）所示的两种形式。

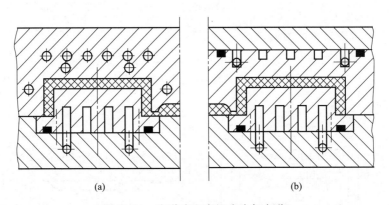

图 11-10　沟道式和多级式冷却水道

（3）隔水式（水井式）

大型深型腔的型芯可采用隔水式，即如图 11-11 所示的冷却水道形式，在凹模一侧从浇口附近进水，水流沿矩形截面水槽（底部）和圆形截面水道（侧部）围绕模腔一周之后，从分型面附近的出口排出。这种形式可使型芯各部分冷却均匀，各处温差小。

（4）盘旋式

对狭长型芯或圆形深腔制件的型腔，可采用如图 11-12 所示的形式。

（5）喷流式、热管式

对于较细长塑件不便于布置冷却水道的，可以采用喷流式、热管式，图 11-13（a）所示

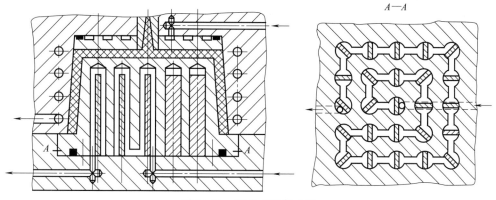

图 11-11　隔水式冷却水道

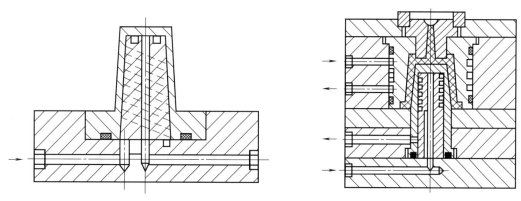

图 11-12　盘旋式冷却水道

为喷流式冷却水道，在凸模中部开一个不通孔，不通孔中插入一管子，冷却水流经管子喷射到浇口附近的不通孔底部，然后经过管子与凸模的间隙从出口处流出，使水流对凸模发挥冷却作用。图 11-13（b）所示为热管式冷却方式，在细小的型芯中插入一铍铜制的热管，冷却水冷却热管的尾端翅片，把热量带走，从而达到冷却型芯的目的。

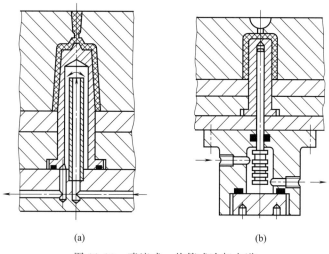

(a)　　　　　　　　　　　(b)

图 11-13　喷流式、热管式冷却水道

11.2.3 冷却水道的密封及水嘴连接

（1）冷却水道的密封

模具中的冷却水道经常要穿越不同模具零件的结合处，如模板与模板、模板与型芯（或型腔）镶件等。这些地方会因配合间隙的存在而产生冷却水泄漏现象。为避免泄漏现象的发生，必须处理好冷却水道的密封问题。

模具冷却水道中的密封，通常采用O形圈对模具结构中那些冷却水道将通过的结合处实行密封。密封用O形圈的选用及使用中需注意的问题和要求与通用机械中的密封设计相同，不再赘述。

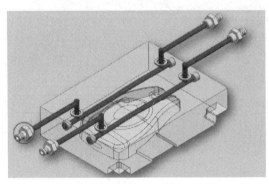

图 11-14　冷却水嘴的安装

（2）水管与模具的连接

模具冷却系统设计中需要注意的另一个问题，是冷却水管与模具的连接，即水嘴（如图11-14所示）的安装要求。这一问题看上去很小，但是如果处理不当，会给用户带来许多不必要的麻烦。

模具设计者在开始设计冷却系统时，就应该充分考虑"连接"这一环节。在设置模具冷却水道的水嘴（出、入水口）在模具上的位置时，应注意以下问题。

① 模具安装在注射机上后，模具上的水嘴不能正对着注射机的拉杆，以免安装水管困难。

② 模具上的水嘴最好装在注射机非操作侧，以免影响操作。

③ 卧式注射机用模具，水嘴不要设置在模具顶端，以免在拆装水管时残留的冷却水流入型腔。

④ 对于自动成型的卧式注射机用模具，水嘴不要安装在模具底面，以免水管妨碍制品的脱落，影响自动成型。

⑤ 动、定模的水嘴不能相互靠得太近，以便于水管的安装固定。

11.3　模具加热系统设计

模具加热系统

模具在有些特殊场合需要设置加热系统，比如热固性塑料成型模具、热流道模具、大型需预热的模具、某些成型温度高流道性差的特殊塑料成型模具等。

11.3.1　模具加热的方式

模具加热的方式有电加热、油加热、蒸汽或过热水加热等。其中，油加热、蒸汽或过热水加热都可以利用温控系统水道，这里不再赘述。电加热可分为电阻加热和工频感应加热，而电阻加热最常用，本书仅介绍电阻加热。

（1）电热圈加热

将电阻丝绕制在云母片上，再装夹在特制的金属外壳中，电阻丝与金属外壳之间用云母片绝缘，其形状如图11-15所示，模具放在其中进行加热。其特点是结构简单、更换方便，但由于安装在模具外侧，电损耗大。一般用在挤出模具、压缩模具和压注模具。

（2）电热棒加热

电热棒是一种标准的加热元件，它由具有一定功率的电阻丝和带有耐热绝缘材料的金属密封管构成，使用时只要将其插入模板上的加热孔内通电即可，如图11-16所示。电热棒加热的特点是使用和安装均很方便。一般用于热流道模具。

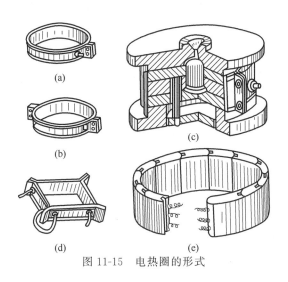

图 11-15　电热圈的形式

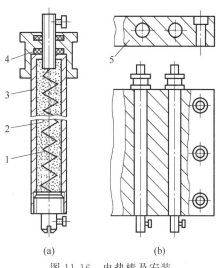

图 11-16　电热棒及安装

1—电阻丝；2—耐热填料；3—金属密封管；

4—耐热绝缘垫；5—加热板

11.3.2　加热系统设计要求

（1）加热功率估算

加热功率计算有计算法、查表法、经验估算法。

（2）加热棒安装要求

加热棒安装孔孔径公差推荐 H7；加热棒和孔之间缝隙要求 0.05mm 以上；为使加热均匀一般要涂抹润滑防烧剂。

（3）热电偶孔位设计

热电偶用于模具温度的监控和自动调控。热电偶与加热棒孔位距离应保持在 10～30mm 之间，太远会测温不实，出现加热器过热现象，控温不准。

▋ 任务实施

电器下盖温控系统设计

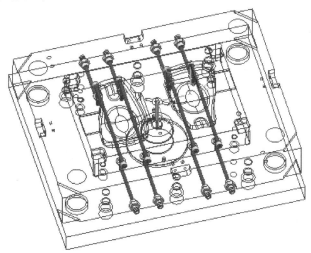

图 11-17　型腔冷却回路截面图（一）

ABS 属于中等黏度材料，其成型温度及模具温度分别为 200℃和 50～80℃。所以，模具温度初步选定为 50℃，用常温水对模具进行冷却。

冷却系统设计时忽略模具因空气对流、辐射以及与注射机接触所散发的热量，按单位时间内塑料熔体凝固时所放出的热量应等于冷却水所带走的热量计算。

型腔的成型面积比较平坦，比较适合直通式冷却回路，由于镶嵌了模仁，所以设计为阶梯式，如图 11-17 所示。而动模部分的镶块内部结构复杂，适合非平行环绕式水路，如图 11-18 所示，并在冷却水槽周围设计上密封圈，对水路的运行进行有效密封。

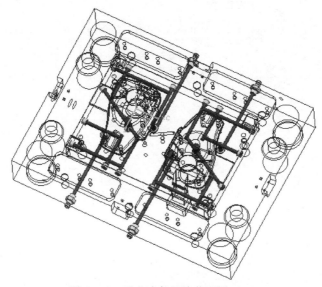

图 11-18　型芯冷却回路截面图（二）

总结与思考

1. 温控系统的作用及重要性是什么？
2. 如何确定冷却水路的直径？
3. 冷却水路常见的结构形式有哪些？
4. 冷却系统设计原则有哪些？
5. 模具加热应用最广泛的是哪种方法？

任务十二　热流道浇注系统设计

 能力目标

能根据塑件及模具的特点设计合理的注射模热流道浇注系统。

 知识目标

掌握热流道浇注系统的特点。
掌握热流道浇注系统的类型。
掌握热流道浇注系统的结构组成。

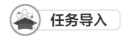

任务导入

塑料注射模的热流道技术已越来越广泛地被应用，累积起来的技术成果与日俱增。热流道注射模已经发展成为塑料加工的重要工具。某些大型的薄壁制品的注射，没有热流道技术是困难的，甚至是不可能的。只有应用热流道注射模具生产，才能廉价地大批量生产。

相关知识

12.1 热流道概述

热流道浇注系统也称无流道浇注系统，是指在注射成型的整个过程中，浇注系统内的塑料一直保持熔融的状态，生产中不会产生浇注系统凝料。如图 12-1 所示。

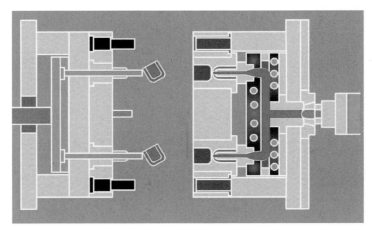

图 12-1 热流道浇注系统

12.1.1 热流道特点

① 冷流道有回收料的污染、降解等问题，热流道基本上实现了无废料加工，节约塑料原料。

② 冷流道模具往往因为冷流道较之制品过于粗厚而使得周期时间太长，在此情况下，热流道因为本身不需冷却固化而使得周期时间缩短；热流道浇注系统有利于实现自动化生产，提高生产率、降低成本。

③ 热流道的直径一般比较大，而熔胶在热流道中一直保持在高温状态，所以塑流流经热流道的剪切应力与压力降远较流经冷流道者低，而能将同质（相对同温同压）的熔胶送到所有的浇口，这对制品（尤其是薄壁制品）的高品质注塑成型以及更多型腔的模具开发是有利的。

④ 阀式浇口和热流道合并使用，可以改变充填模式，具有消除或转移熔接痕、气穴等的功能。

⑤ 目前，热流道系统存在一些缺陷，如模具结构复杂、加热器组件易损坏、制造费用高、需要较精密的温度控制装置、成型树脂必须清洁无杂物、树脂更换及换色较困难、维修保养较复杂，降解、流涎、堵料等。不过这些缺陷正在逐渐被克服。

12.1.2 塑料品种对热流道浇注系统的适应性

热流道模具注射成型中对塑料有下列要求。

① 热稳定性好。塑料的熔融温度范围宽，黏度变化小，对温度变化不敏感，在较低的温度下具有较好的流动性，在较高的温度下也不易热分解。

② 对压力敏感。施加较低的注射压力就流动。

③ 固化温度和热变形温度较高。塑件在比较高的温度下即可快速固化，缩短成型周期。

④ 比热容小。既能快速冷凝又能快速熔融。

⑤ 导热性能好。能把树脂所带的热量快速传给模具，加速固化。

由于热流道温控系统技术的完善及发展，现在热流道不仅可以用于熔融温度较宽的聚乙烯、聚丙烯，也能用于加工温度范围窄的热敏性塑料，如聚氯乙烯、聚甲醛（POM）等。对易产生流涎的聚酰胺（PA），通过选用阀式热喷嘴也能实现热流道成型。

12.2 热流道系统的分类

12.2.1 绝热流道

绝热流道注射模的主流道和分流道做得很粗大，流经流道表壁的塑料熔体冷凝成固化层，它起绝热作用，使流道中心部位的塑料可以一直保持熔融状态，满足连续注射的要求。

（1）井坑式喷嘴

也称绝热主流道，适用于成型周期较短（每分钟不少于3次）的单型腔模具。这种形式的绝热流道是在注射机喷嘴和模具入口之间装有一个主流道杯，杯外采用空气隔绝热。如图12-2所示。

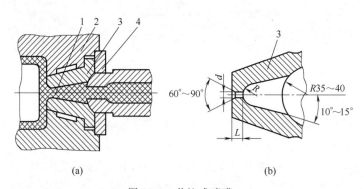

(a)   (b)

图 12-2   井坑式喷嘴
1—主流道；2—定模板；3—主流道杯；4—定位圈

（2）多型腔绝热流道

如图12-3所示的流道又称绝热分流道，主流道和分流道做得特别粗大，截面形状多为圆形，直径一般在16～32mm之间，最大可达74mm。有直接浇口式和点浇口式两种类型。虽然绝热流道结构简单，但这种形式在每次停机或开机前必须把分流道两侧的模板打开，取出冷料并清理干净，并且生产准备时间长，浇口易凝结，所以很少采用。

12.2.2 加热流道

目前热流道系统主要采用的是加热流道系统。加热流道系统又分为单点式热流道系统和多点式热流道系统。

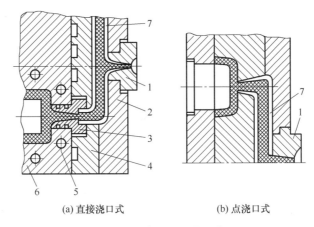

图 12-3　多型腔绝热流道
1—浇口套；2—定模座板；3—二级浇口套；4—分流道板；5—冷却水孔；6—型腔板；7—固化绝热层

（1）单点式热流道系统

单点式热流道系统塑料模具结构较简单。将熔融状态塑料由注塑机注入延伸式喷嘴，直接经浇口注入型腔，只能用于单型腔。注射模喷嘴与型腔间采用塑料或空气绝热。浇口为点浇口。如图 12-4 和图 12-5 所示。

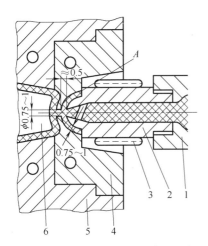

图 12-4　塑料层绝热的延伸式喷嘴

1—料筒；2—延伸式喷嘴；3—加热圈；
4—浇口衬套；5—定模板；6—型芯

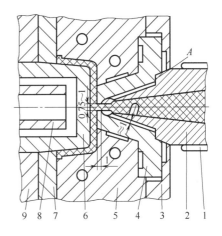

图 12-5　空气绝热的延伸式喷嘴

1—加热圈；2—延伸式喷嘴；3—定模座板；4—浇口衬套；
5—定模板；6—型芯；7—推件板；8—冷却管；9—固定板

（2）多点式（多头）热流道系统

多头热流道系统塑料模具结构较复杂。熔融状塑料由注塑机注入主流道喷嘴，经热流道板流向二级喷嘴后到达浇口，然后注入型腔。多头热流道系统可分为外加热式和内加热式。

① 外加热式多头热流道　如图 12-6 所示是在热流道板上安放加热管或加热板加热，它与其余部分尽量隔离绝热，热损失大。主分流道截面多为圆形，直径 5～12mm。二级喷嘴与型腔壁采用绝热式或半绝热式。

② 内加热式多头热流道　在整个流道和喷嘴内部设管式加热器，如图 12-7 中的 5，内

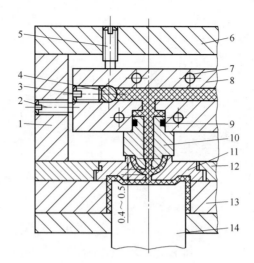

图 12-6 外加热式多头热流道

1—支架；2—定位螺钉；3—压紧螺钉；4—流道密封钢球；5—定位螺钉；6—定模座板；7—加热孔道；
8—流道板；9—胀圈；10—二级喷嘴；11—浇口衬套；12—浇口板；13—定模型腔板；14—型芯

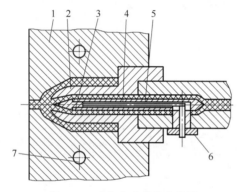

图 12-7 内加热式多头热流道

1—定模板；2—喷嘴；3—锥形头；4—加热器套管；
5—加热器；6—电源接线板；7—冷却水道

加热式多头热流道的优点是加热效率高，热量损失小，加热器功率小，缺点是塑料熔体在环形流道内的流动阻力大，塑料也易局部过热。

12.3 热流道浇注系统组成

图 12-8 为典型的热流道系统结构，主要由主流道喷嘴、流道板、热流道喷嘴、加热和测温元件、安装和紧固零件所组成。由于技术难度高，目前这些热流道组件都由专业公司制造和经营。注射模具的生产企业与热流道装备的生产和服务公司合作，共同完成注射模具的设计和制造，并保证注射成型的生产。

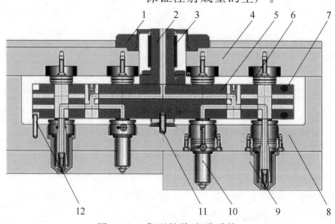

图 12-8 典型的热流道系统

1—定位环；2—主流道喷嘴；3—喷嘴加热器；4—定模座板；5—流道板；6—承压块；
7—加热管；8—垫板；9—定模板；10—热流道喷嘴；11—中心支承块；12—止转销

12.3.1 热流道板设计

热流道的流道板是热流道系统的中心部件。流道板将主流道喷嘴传输来的塑料熔体经流道送到各注射点的喷嘴。

（1）注射模热流道板设计须满足的基本要求

① 对大型型腔或多型腔的熔体充模要有合理的分配。

② 熔体有适当的流动剪切速率，并使流道中的压力损失较小。

③ 熔体的温度稳定，黏度波动很小。

④ 熔体在流道中没有滞留的死点。

⑤ 流道板加热升温较快，且温度控制可靠有效。

⑥ 流道板与模具的绝热良好，且与喷嘴间无熔体泄漏。

⑦ 在换色注射时净化和清洗容易，加热器的替换和维修方便。

（2）热流道板结构

流道板的结构繁多，而且还在不断发展。这里介绍它的典型结构。常用流道板是板式结构，热流道板要承受流道高压熔体的作用力和各喷嘴的热膨胀，要求它有足够的刚度，采用中碳优质钢或低合金中碳钢制造，易于机械加工。通常是外加热式的，流道常用圆形截面。流道转折处应圆滑过渡，防止熔体滞留。喷嘴与流道板的连接应可靠地防止塑料熔体泄漏。

如图 12-8 所示，流道板悬挂在热板框中，上有定模座板，下有定模板。流道板是被电加热器加热的高温部件，四周是由冷却系统维持的低温模板。以空气作为绝热材料，流道板的上下平面和四周与模板间都有间隙。喷嘴的大部分表面与定模板之间也都有间隙。但流道板的紧固和密封必须达到抗泄漏的目的，要限制流道板的热损失，还要计入热膨胀的作用。喷嘴轴线上的承压块、流道板和喷嘴，在注射加热时应有恰当的配合，以防止泄漏。

为了避免流道板将热量传递给定模固定板和定模板，承压块和支承块应该用绝热材料制造。又因为承压块承受喷嘴轴线上流道板和喷嘴的热膨胀应力，支承块承受注射机喷嘴的压力，两者应该是耐压的高强度材料，承压块的厚度应经仔细校核。承压块和支承块的接触面积太大，不利于绝热；而面积太小，在高温热膨胀的情况下，强大压力会压溃定模固定板和定模板。

模具中央轴线上，流道板与定模板之间配有中心定位销，加上流道板边缘的止转定位销，从而保证了流道板的定位精度，使定模板周边间隙均匀，也保证了销在模板平面的径向有足够的间隙，它仅限制流道板的转动。只有这样，才能防止流道板产生过大的热应力和热变形。

流道板上的测温热电偶，经弯曲后插入流道板平面，由螺钉固定。在定模的外侧面装有接线盒。喷嘴的安装轴段以外圆与流道板上孔相配以定位。各个喷嘴的定位端面，应该在定模板各孔的同一平面上。这样，一方面保证各个浇口的伸出位置一致，更重要的是，保证各个喷嘴入口端平面，贴合到流道板的输出平面上。

为了使料流流动顺畅，不出现死角，将流道板采用镶块式结构，所有的拐角均采用镶块镶拼（如图 12-9 所示），先单独加工好拐角镶块，然后镶入流道板，这样确保每一个拐角都能实现圆滑过渡，无死角。

（3）流道板排样

热流道系统要保证大批量生产的制品质量，流道板中塑料熔体合理分配到各注射点的原则是平衡充模。为了实现对模具进行平衡式浇注，流道板的外形有各种类型，可以用一字

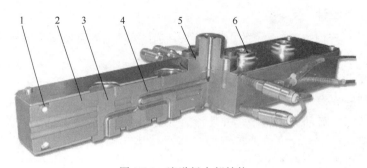

图 12-9 流道板内部结构

1—加热管；2—热流道板主体；3—流道拐角处镶块；4—分流道；5—主流道；6—支承块

形、H 形和 X 形等各种外形，如图 12-10 所示均为自然平衡式排布。图 12-10（a）为一模两点流道板，图 12-10（b）为一模三点星形流道板，图 12-10（c）为一模四点 X 形流道板，图 12-10（d）为一模四点工字形流道板，图 12-10（e）为一模十二点流道板，图 12-10（f）为一模十六点流道板，甚至还有更多点排布。

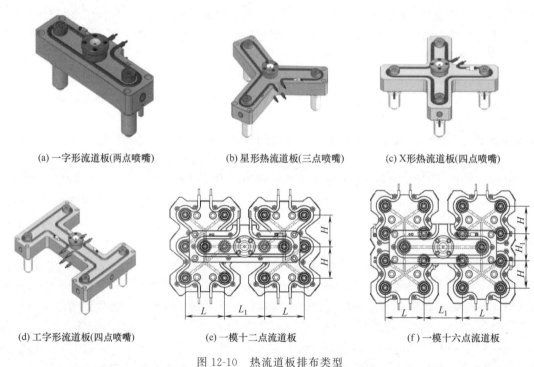

(a) 一字形流道板(两点喷嘴)　　(b) 星形热流道板(三点喷嘴)　　(c) X形热流道板(四点喷嘴)

(d) 工字形流道板(四点喷嘴)　　(e) 一模十二点流道板　　(f) 一模十六点流道板

图 12-10 热流道板排布类型

12.3.2 热流道喷嘴

热流道喷嘴是热流道系统的终端，它将熔体输送到模具的型腔或冷流道。与冷流道系统相比，进入喷嘴末端点浇口的熔体温度较高，塑料熔体的剪切速率过大，会有降解的危险。喷嘴上浇口直径应慎重考虑。热流道喷嘴的通道直径，应与流道板上流道直径相配，比流道板上流道直径大 1mm，喷嘴的流道入口有斜角过渡。所有的喷嘴必须安装有热电偶；它们的加热系统也必须有自己的控制回路。喷嘴浇口的设置方法有两种：一种是制造在喷嘴的壳体的末端，供应商提供的喷嘴上有浇口；另一种浇口是制作在定模板的嵌件上。

　　喷嘴是热流道系统中的复杂部件，其种类繁多。这里介绍常用的大浇口热喷嘴、点浇口热喷嘴、针阀式喷嘴。

（1）大浇口热喷嘴

　　大浇口热喷嘴有两种：一种为直通式大浇口热喷嘴，如图 12-11、图 12-12 所示；另外一种为管式大浇口热喷嘴，如图 12-13 所示。

　　① 直通式大浇口热喷嘴　图 12-11 所示大浇口的主流道单喷嘴属于直通式的大浇口喷嘴，标准系列浇口直径 $\phi 2.7 \sim 7.9$mm。按塑料熔体的注射量和黏度，选定浇口直径。开放式喷嘴容易清洗，不易堵塞，被推荐加工回料和高黏度熔料，以及填料增强的塑料。

　　使用此种喷嘴时要减小注射压力，来防止流涎和拉丝。这种喷嘴允许有较长较粗的塑料熔体通道，在塑料上留有较大直径的料柄。浇口处有锥度，便于脱出又长又粗的料柄。它能注射深腔的壳体，如桶、箱座等。主流道喷嘴通道中，熔体传输的压力损失较小，又没有分流道；允许注射件型腔在充模流动时有较长的流程比，可注射薄壁长流程的壳体。而且此种中央浇口，成型的壳体取向良好，又无熔合缝。有时为了避免塑件表面有很大的痕迹，往往将壳体倒置，从壳体的里侧注射成型。由于型芯和脱模机构在定模一侧，主流道很长，更需要使用主流道单喷嘴。

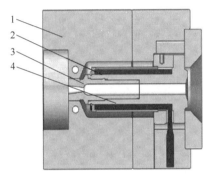

图 12-11　直通式大浇口热喷嘴结构

1—定模板；2—加热圈；3—浇口衬套；4—喷嘴主体

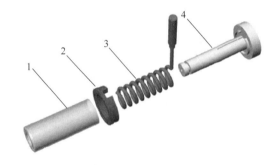

图 12-12　直通式大浇口热喷嘴的分解图

1—护套；2—定位圈；3—加热圈（含热电偶）；4—流道主体

　　② 管式大浇口热喷嘴　这种管式热喷嘴内部设计有管状鱼雷针，如图 12-13 所示。塑料熔体在管道中流动，经前端的斜孔，流到有绝热仓的浇口。绕行入鱼雷针尖后充填入型腔。管状鱼雷针用铍铜制造，表面镀铬。鱼雷针尖伸出较长，浇口设计在喷嘴上的浇口衬套上，衬套磨损后可以随时更换。浇口衬套内部设计有锥面，以利于脱模时拉断浇口料。

（2）点浇口热喷嘴

　　点浇口热喷嘴内部有管式鱼雷针尖用来对料流进行分流，从而防止熔料堵塞。

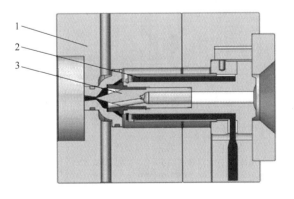

图 12-13　管式大浇口热喷嘴结构

1—定模板；2—加热圈；3—管状鱼雷针

这种点浇口热喷嘴有两种类型：一种是鱼雷尖与模具型腔形成点浇口，如图 12-14（a）所示；另外一种是用专用的浇口衬套与鱼雷尖形成点浇口，如图 12-14（b）所示。

① 管式点浇口热喷嘴　如图 12-14（a）所示的点浇口喷嘴，使用面广，是目前最常用的热流道浇口形式之一。

这种喷嘴内部的鱼雷管针尖伸出较长，浇口制造在模具上，针尖将熔料分流，经浇口进入型腔后重新汇合。但对于 ABS、热塑性弹性体和添加过金属或珠光颜料的塑料制件，会在制件表面形成可见的熔接痕。它适用于容许在产品表面进料的场合，成型后完全没有浇口痕迹，只在进料处有一个很小的浇口残迹，而且换色性能极好，浇口部位的美观程度受浇口的大小、嘴芯和浇口的配合情况以及浇口范围的冷却和所成型的塑料品种所影响。

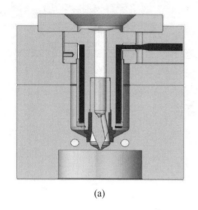 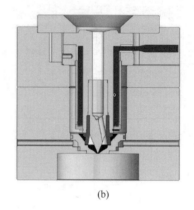

(a)　　　　　　　　　　　　　　　　(b)

图 12-14　点浇口热喷嘴

② 平面式点浇口热喷嘴　如图 12-14（b）所示，这种热喷嘴是管式点浇口热喷嘴的一种改进型浇口形式，适用于容许在产品表面上浇注的场合，而且进料面必须是平面。

它成型的特点与针尖式点浇口相似，只是把浇口设计在可更换的衬套上，该浇口可由衬套保温，有较高的温度，因此可注射 300℃ 以下的结晶型塑料。在外观上浇口痕迹不明显，在浇口部位多了一个圆形痕迹。这种喷嘴的特点是衬套可以作为镶件，磨损更换后可以继续使用，从而延长了模具的使用寿命，另外，浇口衬套也可以作为冷却衬套来改善进浇部位的冷却情况，特别是对于精密成型塑件来说，非常必要。这种喷嘴也适合几乎所有塑料材料的成型。

（3）针阀式喷嘴

① 针阀式喷嘴的特点　针阀式热流道喷嘴的工作原理如图 12-15 所示。针阀浇口热流道系统塑料模具结构最复杂。它与普通多头热流道系统塑料模具有相同的结构，但是另外多了一套阀针传动装置控制阀针的开、闭运动。该传动装置可以利用气压控制装置或者液压装置与模具连接，形成控制回路，来实现阀针的开、闭运动，以控制熔融状态塑料注入型腔。

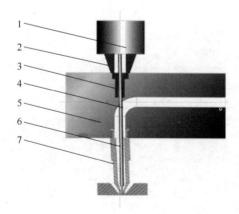

图 12-15　针阀式热流道喷嘴工作原理

1—阀针驱动器；2—阀针控制器和流道板之间的隔热片；3—阀针导套；4—阀针；5—流道板；6—熔料；7—喷嘴

一般动作流程为：模具合模，开始注塑熔料时，针阀控制系统打开针阀，开放熔料进入模具型腔的通道，熔料注入模腔，注射完毕后，针阀控制系统关闭针阀，随后，注入口通道被关闭，并对模腔内塑料进行保压，随后冷却完毕，开模，整个过程循环进行。

针阀式喷嘴在热流道系统应用中，有以下四方面的优势。

a. 它可确保在塑料制品固化前，准确控制阀针闭合浇口的时间。因此，可以确保各个喷嘴在保压后，有时间一致的浇口闭合。可使注射循环时间减少，也可使一模多腔的各注射点的计量一致。

b. 它在制品上无废料残留，仅有柱销留下的圆柱标记。因此能满足制品表面高质量的需求，浇口不存在流涎和拉丝。

c. 它可有较大的浇口通道，浇口直径常用 $\phi2\sim8mm$，可以达到 $\phi20mm$。因此，可用于对剪切敏感的塑料注射。浇口直径通常是制品壁厚的两倍。

d. 适合大型塑料制品的注射，可使其以较低保压压力，获得残余应力较低的制品。

尽管针阀式喷嘴有许多优点，但如下因素限制了它们的使用。

a. 液压缸或气缸的使用，需要额外的安装位置，并需要对其附加冷却。

b. 需要对驱动缸附设复杂的控制系统。

c. 过长的开关柱销、曲折的环隙流道，会使喷嘴中的流程压力增加。

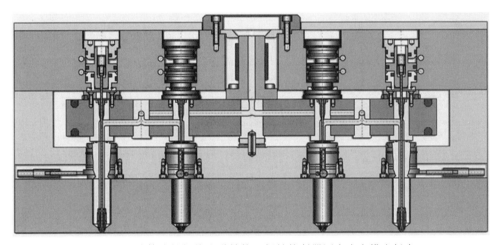

图 12-16　分体式针阀热流道结构（阀针控制器固定在定模座板内）

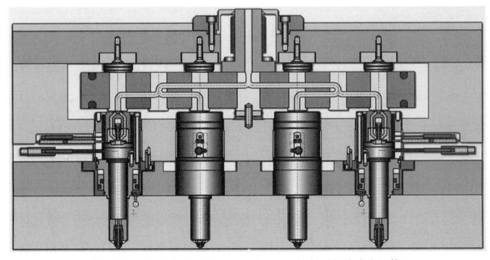

图 12-17　整体式针阀热流道结构（针阀控制器与喷嘴为整体）

d. 技术难度要求高，价格昂贵，操作和安装维修需专业熟练的操作者。

② 针阀式热流道结构类型　图 12-16 所示的针阀热流道结构为分体式，表现为针阀控制器与喷嘴分开，位于定模座板内。而图 12-17 所示的针阀式热流道结构特点为针阀控制器与喷嘴合为一体。

通过针阀式热流道系统，多个针阀式热喷嘴可以实现大型注塑件的多点注射或者一模多腔成型。而且多个针阀式喷嘴适用于时间顺序控制注射，可对各注射点喷嘴分别安排各自的注射保压时间，从而控制各股料流的注射和保压。通过这种顺序控制注射，可以控制熔接痕的位置，甚至消除熔接痕，从而改进制件质量。

12.3.3　温度控制系统

（1）流道板的加热器

为了确保流道板加热均匀，流道板的加热器都应按照喷嘴的位置进行分布，确保每一部分都能被均匀加热。

图 12-18　流道板加热槽　　　　图 12-19　加热管镶嵌在流道板内

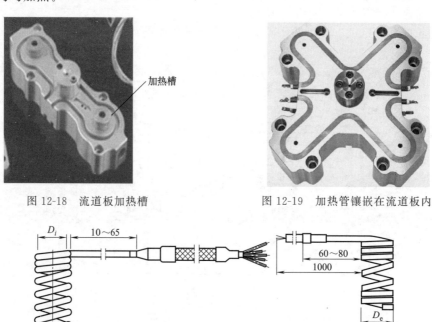

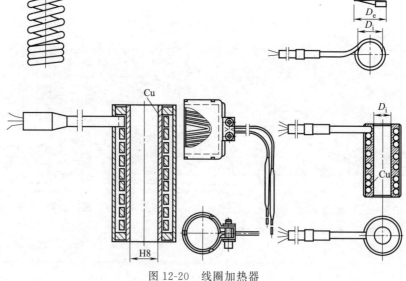

图 12-20　线圈加热器

常见的流道板都采用外加热的方法，即热源在流道熔体外壁的流道板中。以前流道板用筒棒式加热器，现今它作为简易的加热器，尚有使用。流道板上大都已使用可弯曲的管状加热器。目前热流道加热比较通用的技术方案是，在分流板上沿着流道开槽，如图 12-18 所示，将加热条镶嵌在槽内，并且在加热条周围填充高导热介质，如图 12-19 所示。这样可使加热管运行在良好的传热环境，可靠性高，热均匀性和节能效果好，同时减少了给模具带来的多余热量。

（2）喷嘴加热器

对喷嘴的加热主要是线圈加热器，也称电加热圈，如图 12-20 所示。喷嘴加热一般只需几分钟。在接近浇口位置，安放测温热电偶。每个喷嘴就是独立的加热区。

（3）测温热电偶

测温热电偶的布置，有两个位置很重要：一个是浇口，该处的温度对于熔体的流动性和压力的传递都非常重要；另一个是高温热点，如加热器输出量最大的点，加热器与熔体通道之间，或主流道的末端等，以防止塑料熔体的分解。

总结与思考

1. 热流道系统与冷流道系统的区别是什么？
2. 热流道系统的优缺点有哪些？
3. 热流道系统的分类有哪些？
4. 热流道系统的结构组成有哪些？

项目三
输出设计

任务十三 物料清单制作及模具制图

能力目标

能制作完成物料清单，及利用 3D、2D 软件完成模具图纸。

知识目标

掌握模具组成零部件的材料及热处理要求。

掌握模具总装图的绘制要求。

掌握模具零件的绘制要求。

任务导入

在塑料注射模设计的后期，需要完成的设计任务是制作物料清单和模具制图。把工艺和结构设计的理念和内容传递给后期制造的各个部门，是必须要完成的一项任务。本节将继续本书的教学贯穿案例，最终完成电器下盖的模具绘图。

■ **相关知识**

模具物料清单

13.1 物料清单

物料清单是如图 13-1 所示的案例，英文名称 Bill of material，简称 BOM。清单注明了模具组成零部件的名称、尺寸规格、数量、材质、热处理要求等，提供给各部门使用，如加工车间的下料加工、采购部门采购等。

物料清单材质一栏中，STD 表示标准件，718、P20、S45C 表示的是不同钢材的牌号，下面部分将会具体介绍模具组成零部件应选择的合适的钢材有哪些。

13.1.1 成型零件用钢材的选用

由于成型零件与高温高压的塑料接触，受高速料流的冲刷，并在脱模时与塑件发生摩擦磨损，因此要求成型零件的材料应具备足够的强度、刚度和耐磨性能。另外成型零件的表面技术要求：表面粗糙度 $Ra0.025\sim0.1\mu m$；配合面的表面粗糙度 $Ra0.8\mu m$；一般表面镀铬、抛光。因此塑料模具成型零件常采用专用的塑料模具钢，常用的有以下几类。

物料清单

模号：XR-RJDX 09003 名称：<u>吸尘器按钮</u> 页码：3 版本号：A

件号	零件名称	尺寸规格	数量	材质	热处理	供应商	交期	备注
35	滑块	70×41×30	6	718	氮化			
36	斜导柱	AAPZ 12-50-N20	6	STD				
37	锁紧块	65×45×34	6	2738	氮化			
38	滑块压条	65×20×15	12	P20	氮化			
41	限位块	16×16×15	6	S45C				

分发：□技术部 □生产部 □质检部 □采购部

制表：_____ 审核：_____ 批准：_____ 项目负责人：_____

图 13-1 物料清单实例

（1）碳素钢型

碳素钢具有价格便宜、加工性能好、原料来源方便等特点，因此形状简单的小型塑料模具或精度要求不高、使用寿命不需要很长的塑料模具，多采用这类钢制造。我国常用牌号有45、50 等，国际上较广泛使用的有 S45C、S48C、S50C、S53C、S55C、S58C 等。

对于形状较简单、尺寸小的热固性塑料模具，耐磨性要求较高，一般用 T7～T12 等碳素工具钢或 T7A～T12A 等高级优质碳素工具钢制造。

（2）预硬钢型

预硬型塑料模具钢是指将热加工的模块，预先进行调质处理，以获得所要求的使用性能，再进行切削加工，不再进行最终热处理就可直接使用，从而避免由于热处理而引起的模具变形和裂纹问题。预硬型钢最适宜制作形状复杂的大、中型精密模具，使用硬度一般为30～42HRC，尤其是在高硬度区（36～42HRC），可切削性能较差。中国常用牌号有3Cr2Mo（同 P20）、3Cr2MnNiMo（同 P4410）、5CrNiMnMoVSCa、5CrMnMo 等；瑞典一胜百（ASSAB）公司的 718H（33～34HRC）、718（34～38HRC）；日本大同（DADO）钢厂的 NAK80 和 NAK55；奥地利百禄（BOHLER）的 M461（38～42HRC）、M238（36～42HRC）；美国的 P20、PX5 等。

如 P20，适合一般日用品中要求较高的塑料制品模具。加工性能好，P20 镜面效果稍好。用于一般的家用电器部件 PP、ABS 等，但一般用在动模部分较多。

NAK80 是日本品牌，耐磨性好，镜面效果很好，多用于透明塑料件如有机玻璃、PS 等，家用电器如冰箱、洗衣机塑料件 ABS 等也大量使用。

（3）整体淬硬型

用于压制热固性塑料、强化塑料（如尼龙型强化或玻璃纤维强化塑料）产品的模具，以及生产批量很大，要求模具使用寿命很长的塑料模具，一般选用高净透性的冷作模具钢和热作模具钢材料制造，这些材料通过最终热处理，可保证使用状态具有高硬度、高时磨性和长的使用寿命。我国牌号常用有 CrWMn、9CrWMn、Cr12MoVC、4Cr5MoSiVi 等，国际上较常用的有美国的牌号 O1、A2、D1、D3、6F2、S1，德国牌号 Xgnicrv8、X38Crmovs1，日本牌号 DH2F、SKD11、SKD12、SKD1、SKD61、SKD6 等。

如 SKD11 经热处理后硬度可达 56～61HRC，耐磨性和耐用性均佳。变形小，适合精密模具。韧性好，最适合做录像带盒/光驱/磁带轴、齿轮等工程塑料的精密模具。DH2F 最显著的特点是高耐磨，因此多用于模具中的运动部件，如斜推块、滑块等。

（4）耐腐蚀钢

耐腐蚀钢主要用在生产以化学性腐蚀塑料（如聚氯乙烯或聚苯乙烯添加抗烯剂等）为原料的塑料制品的模具。耐腐蚀型塑料模具钢分高碳高铬型耐蚀钢、中碳高铬型耐蚀钢、低碳铬镍型耐蚀钢。高碳高铬型耐蚀钢有 9Cr8、Cr18MoV、Cr14Mo、Cr14Mo4V 等；中碳高铬型耐蚀钢有 4Cr13、420、168、S136、M300、M310、HPM38、PAK90 等；低碳铬镍型耐蚀钢有 1Cr17Ni2 等。国际上常用的有瑞典一胜百 S-36ESR、S-136H，德国得胜 GS083ESR、GS083VAR、GS316、GS316ESR、GSO83M、GS128H 等，日本大同 PAK90、NAK101。

如 NAK101 具有耐氯离子腐蚀性能，适用于 PVC 等的塑料模具。

（5）镜面钢

生产透明塑料制品，尤其光学仪器镜片等，对于成型模具的镜面加工性能要求很高。但严格地讲，由于钢材的冶金质量、钢中组织不均匀度、硬度以及抛光技术等各方面的原因，没有专用牌号的镜面加工用塑料模具钢。镜面钢多数属于析出硬化钢，也称为时效硬化钢，用真空熔炼方法生产。国产 PMS（10Ni3CuAlVS）供货 30HRC，具有优异的镜面加工性能和良好的切削加工性能，热处理工艺简单，变形小，适用于制造工作温度 300℃，使用硬度 30～45HRC，要求高镜面、高精度的各种塑料模具，并能够腐蚀精细图案，还有较好的电加工及抗锈蚀性能。另一种析出硬化钢是 SM2（20CrNi3AlMnMo），预硬化后加工，再经时效硬化后可达硬度 40～45HRC。还有两种镜面钢，一种是高强度的 8CrMn（8Cr5MnWMoVS），预硬化后硬度为 33～35HRC，易于切削，淬火时空冷，硬度可达 42～60HRC，可用于大型注射模以减小模具体积；另一种是可氮化高硬度钢 25CrNi3MoAl，调质后硬度为 23～25HRC，时效后硬度为 38～42HRC，氮化处理后表层硬度可达 70HRC 以上，用于玻璃纤维增强塑料的注射模。

成型零件的材料根据塑料特性，制件大小与复杂性，尺寸精度、表面质量要求，产量大小、模具加工工艺性要求等选择，表 13-1 是根据具体情况推荐用材料。

表 13-1　塑料成型模具钢的选用

用途	工作条件及对模具材料的要求	推荐用材料
通用塑料	批量小，精度无特殊要求，模具截面不大	45、40Cr、10、20
	批量较大、模具尺寸较大或形状复杂	12CrNi3、12CrNi4、20Cr、20CrMnMo、20Cr2Ni4、LJ 等、3Cr2Mo、SM1、4Cr3Mo3SiV、5CrNiMo、5CrMnMo、FT、4Cr5MoSiV、4Cr5MoSiV1、4Cr5W2SiV1

用途	工作条件及对模具材料的要求	推荐用材料
通用塑料	精度和表面粗糙度要求高	3Cr2Mo、4Cr5MoSiV1、8Cr2MnSiWMoVS、Cr12Mo1V1、5NiSCa、25CrNi3MoAl，或18Ni（250）、18Ni（300）、06Ni6MoTiAlV、PMS
增强塑料	高硬度、高耐磨性	7CrMn2WMo、7CrMnNiMo、Cr2Mn2SiWMoV、Cr6WV、Cr12、Cr12MoV、Cr12Mo1V1、9Mn2V、CrWMn、Mn-CrWV、GCr15
腐蚀性塑料	耐蚀性好	4Cr13、9Cr18、Cr18MoV、Cr14Mo4V、1Cr17Ni2、PCR、18Ni、AFC-77
磁性塑料	无磁性	Mn13型、1Cr18Ni9Ti
透明塑料制品	镜面抛光性能和高的耐磨性	06Ni、18Ni、PMS、PCR、SM2、SM1

13.1.2 结构零部件材料的选用

注射模具结构零部件材料可以参考表13-2进行选用。

表 13-2 塑料模具结构零件的常用材料及热处理

零件类别	零件名称	材料牌号	热处理工艺	硬度
模体零件	支承板、浇口板、锥模套	45	淬火、回火	43～48HRC
动、定模板动、定模座板		45	调质	230～270HBW
固定板		45	调质	230～270HBW
模体零件	推件板	T8A、T10A	淬火、回火	54～58HRC
		45	调质	230～270HBW
浇注系统零件	主流道衬套、拉料杆、拉料套、分流锥	T8A、T10A	淬火、回火	50～55HRC
导向零件	导柱	20	渗碳、淬火	56～60HRC
	导套	T8A、T10A	淬火、回火	50～55HRC
	限位导柱、推板导柱、推板导套、导钉	T8A、T10A	淬火、回火	50～55HRC
抽芯机构零件	斜导柱、滑块、斜滑块	T8A、T10A	淬火、回火	54～58HRC
	楔形块	T8A、T10A		54～58HRC
		45	43～48HRC	
推出机构零件	推杆、推管	T8A、T10A	淬火、回火	54～58HRC
	推块、复位杆	45	淬火、回火	43～48HRC
	挡板	45	淬火、回火或不淬火	43～48HRC
	推杆固定板卸模杆固定板	45、Q235		
定位零件	圆锥定位件	T10A	淬火、回火	58～62HRC
	定位圈	45		
	定距螺钉	45	淬火、回火	43～48HRC
支承零件	支承柱	45	淬火、回火	43～48HRC
	垫块	45、Q235		
其他零件	手柄	Q235		
	水嘴	45、黄铜		

模具制图

13.2 注塑模工程图绘制

模具制图主要包括两方面图纸：一是反映模具结构的设计图纸，主要包含模具的结构草图、3D模型图、2D模具装配图、2D模具零件图；二是为采购标准件和加工电极的工艺图纸，主要包含模架图、采购图、线切割图、电极图。

13.2.1 结构草图

主要提供模架的类型及大致尺寸、内模镶件和开框的形式和尺寸，是设计员设计理念的反映，也用于向主管领导汇报和客户前期沟通及协商使用。

13.2.2 3D模型图

3D设计软件在注塑模设计中已经得到普及应用，尤其是注塑模向导提供的便捷辅助设计、CAE成型分析，都大大提高了设计的速度和准确性，使设计周期大为缩短。3D模型图视图清楚直观，很容易发现装配和尺寸的错误，便于修改。利用3D模型图也便于编制数控加工程序。3D图纸设计好之后，可以在3D设计软件中转入生成2D图纸，生成的2D图也可以在AutoCAD中继续进行编辑。

模具总装图

13.2.3 模具装配图

模具装配图最主要的目的是要反映模具的基本构造，把模具各部分零件的装配关系表达清楚，包括位置关系和配合关系，以便于技术沟通和模具钳工装配制造。从这个目的出发，一张模具装配图所必须达到的最基本要求为：首先，模具装配图中各个零件（或部件）不能遗漏，不论哪个模具零件，装配图中均应有所表达；其次，模具装配图中各个零件位置及与其他零件间的装配关系应明确。

（1）模具总装配图包括的内容

① 模具成型部分结构。

② 浇注系统、排气系统的结构形式。

③ 分型面及分模取件方式。

④ 外形结构及所有连接、定位、导向件的位置。

⑤ 标注型腔高度尺寸（根据需要）及模具总体尺寸。

⑥ 按顺序将全部零件序号编出，并且填写明细表。

⑦ 模具的工作原理。

⑧ 标注技术要求和使用说明。

（2）注塑模具装配图视图布置

模具装配图应按照国家制图标准绘制，但是也要结合工厂标准和国家未规定的工厂习惯画法。绘制总装图应尽量采用1∶1的比例，先读入基本视图，然后再创建正交投影视图。在注塑模设计中，一般将模具二维装配图分成主、俯两个视图，在主视图中重点表达装配的结构关系，在俯视图中重点表达装配的位置关系。在模具装配图中，除了有主、俯视图外，还要有足够的说明模具结构的投影图、必要的剖视图、断面图、技术要求、标题栏和填写各个零件的明细栏，如图13-2所示，另外，还应有其他特殊的表达要求。国内图纸一般采用第一角视图，美国、日本图纸一般采用第三角视图。

（3）模具装配图绘图顺序

① 主视图。绘制总装图时，应采用阶梯剖或旋转剖视，尽量使每一类模具零件都反映

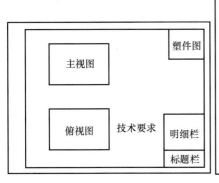

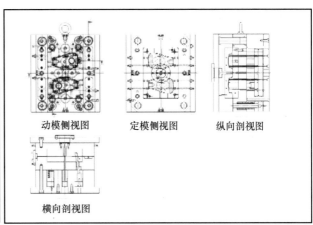

图 13-2 塑料模具总装图的布置

在主视图中，零件太多时允许只画出一半，无法全部画出时，可在左视图或俯视图中画出。

② 俯视图。将模具沿冲压或注射方向"打开"上（定）模，沿注射方向分别从上往下看"打开"的上（定）模或下（动）模，绘制俯视图。主、俯视图要一一对应画出。

③ 左、右视图。当主、俯视图表达不清楚装配关系时，或者塑料模具以卧式为工作位置时，左、右视图绘制按注射方向"打开"定模看动模部分的结构。

④ 模具装配图上的制品图。制品图是经注塑成型后得到的塑料件图形，有些企业要求将其画在总装图的右上角，并注明材料名称及必要的尺寸。制品图的比例一般与模具图的比例一致，特殊情况下可以缩小或放大。

（4）模具装配图主视图的要求

① 在画主视图前，应先估算整个主视图大致的长与宽，然后选用合适的比例作图。主视图画好后其四周一般与其他视图或外框线之间应保持 50～60mm 的空白。

② 主视图上应尽可能将模具的所有零件画出，可采用全剖视图、半剖视图或局部视图。若有局部无法表达清楚的，可以增加其他视图。

③ 在剖视图中剖切到圆凸模、导柱、顶件块、螺栓（螺钉）和销钉等实心旋转体零件时，其剖面不画剖面线；有时为了图面结构清晰，非旋转体的凸模也可不画剖面线。

④ 绘制的模具一般应处于闭合状态，或接近闭合状态，也可以一半处于闭合工作状态，另一半处于非闭合状态。

⑤ 两相邻零件的接触面或配合面，只画一条轮廓线；相邻两个零件的非接触面或非配合面（基本尺寸不同），不论间隙大小，都应画两条轮廓线，以表示存在间隙。相邻零件被剖切时，剖面线倾斜方向应相反；几个相邻零件被剖切时，可用剖面线的间隔（密度）不同、倾斜方向或错开等方法加以区别。但在同一张图样上同一个零件在不同的视图中的剖面线方向、间隔应相同。

⑥ 装配图上零件的部分工艺结构，如倒角、圆角、退刀槽、凹坑、凸台、滚花、刻线及其他细节可不画出。螺栓、螺母、销钉等因倒角而产生的线段允许省略。对于相同零部件组，如螺栓、螺钉、销的连接，允许只画出一处或几处，其余则以点画线表示中心位置即可。

⑦ 模具装配图上零件断面厚度小于 2mm 时，允许用涂黑代替剖面线，如模具中的垫

圈、冲压钣金零件及毛坯等。

⑧ 装配图上弹簧的画法。被弹簧挡住的结构不必画出，可见部分轮廓只需画出弹簧丝断面中心或弹簧外径轮廓线，如图 13-3（a）所示。弹簧直径在图形上小于或等于 2mm 的断面可以涂黑，也可用示意图画出，如图 13-3（b）所示。

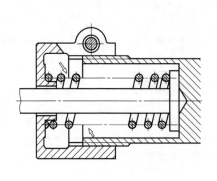 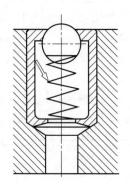

(a) 被弹簧挡住的结构不画出　　　　　(b) 弹簧的示意画法

图 13-3　模具装配图中螺旋压缩弹簧的规定画法

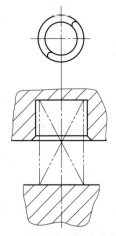

图 13-4　弹簧的简化画法

弹簧也可以用简化画法，即双点画线表示外形轮廓，中间用交叉的双点画线表示，如图 13-4 所示。

（5）模具装配图俯视图的要求

俯视图一般只绘制出下（动）模，对于对称结构的模具，也可上（定）、下（动）模各画一半，需要时再绘制一侧视图或其他视图。绘制模具结构俯视图时，应画拿走上模部分后的结构形状，其重点是为了反映下模部分所安装的工作零件的情况。俯视图与边框、主视图、标题栏或明细栏之间也应保持 50～60mm 的空白。

（6）序号引出线的画法

在画序号引出线前应先数出模具中零件的个数，然后再作统筹安排。序号一般应与以主视图为中心依顺时针旋转的方向为序依次编定，一般左边不标注序号，空出标注闭合高度及公差的位置。按照"数出零件数目→布置序号位置→画短横线→画序号引出线"的作图步骤，可使所有序号引出线布置整齐、间距相等，避免了初学者画序号引出线常出现的"重叠交叉"现象。当然如果在俯视图上也要引出序号时，也可以按顺时针再顺序画出引出线并进行序号标注。其注写规定如下。

① 序号的字号应比图上尺寸数字大一号或大两号。一般从被注零件的轮廓内用细实线画出指引线，在零件一端画圆点，另一端画水平细实线。

② 直接将序号写在水平细实线上。

③ 画指引线不要相互交叉，不要与剖面线平行。

（7）模具装配图的标注

① 模具装配图上应标注的尺寸。包括模具闭合高度尺寸、各模板的厚度尺寸、外形尺寸、装配尺寸（各种杆、柱、螺钉孔的中心距）及孔柱的配合公差。

② 模具装配图上的技术要求。可参考国家标准，恰当、正确地拟定所设计模具的技术

要求和必要的使用说明，主要包括以下几项。

a. 对于模具某些系统的性能要求。如对顶出系统、滑块抽芯结构的装配要求。

b. 对于模具装配工艺的要求。例如模具装配后分型面的贴合间隙应不大于 0.05mm，模具上、下面的平行度要求，并指出由装配决定的尺寸和对该尺寸的要求。

c. 模具使用、装拆方法。

d. 防氧化处理、模具编号、基准角、刻字、标记、油封、保管等要求。

e. 有关试模及检验方面的要求。

（8）标题栏和明细栏

① 标题栏和明细栏在总装图右下角，若图纸幅面不够，可以另立一页。其格式应符合国家标准。

② 明细栏至少应有序号、图号、零件名称、代号、数量、材料和备注等。

③ 在填写零件名称一栏时，应使名称的首尾两字对齐，中间的字则均匀插入，也可以左对齐。

④ 在填写图号一栏时，应给出所有零件图的图号。数字序号一般应与序号一样以主视图画面为中心依顺时针旋转的方向为序依次编定。由于模具装配图一般算作图号 00，因此明细栏中的零件图号应从 01 开始计数。没有零件图的零件则没有图号。

⑤ 备注一栏主要为标准件的规格、热处理、外购或外加工等说明。一般不另注其他内容。

⑥标题栏主要填写的内容有模具名称、作图比例及签名等内容。其余内容可不填。

13.2.4 零件图

目前大部分模具零件已经标准化，可以直接采购，不需要制作零件图。有些标准件如模架中的动、定模板，由于采购来后也需加工，如钻推杆孔等，因此也需出图。零件图反映的是模具需要加工的非标准零件图，需标注详细尺寸、尺寸公差、形位公差、粗糙度及技术要求等，可供采购和加工使用。现在的模具零件图除了三个基本视图和局部详细视图外，还应有立体图。零件图的制图要求遵循国家标准，此处不赘述。

模具零件图

13.2.5 工艺图

工艺图主要包括模架图、采购图、线切割图、电极图等。一般由工艺人员绘制。如对需在模架厂开框加工的模架，应绘制模架图，提供给供应商用。非标准零件毛坯的采购图，供采购人员使用。对需要线切割的零件，应绘制线切割图纸，如承压块等。需要放电加工的，要制造电极，所以应绘制电极图。

▌ 任务实施

（1）电器下盖模具物料清单（见表 13-3、表 13-4）

表 13-3 模具标准件料单

名称	尺寸规格	数量	备注
定位圈	ϕ100-15-50	1	
浇口套	SBBT16-57-SR11-P4.5-A2	1	
水嘴	M12	12	
水堵	M8	18	
承压片	40×60×10	8	

名称	尺寸规格	数量	备注
垃圾钉	SSTR16×5	6	
垃圾钉	SSTR25×10	4	
顶杆1	EPJN5-150	4	
顶杆2	EPJN4-150	2	
拉料杆	EPJN5-150	1	
推管	6×150-2.5	12	
边锁	TSSB38-13	4	
导柱	$\phi30×110$	4	
导套	$\phi42×70$ 台阶	4	
下导柱	$\phi20×120$	4	
下导柱中间导套	$\phi30×30$	4	
复位杆	$\phi20×131$	4	
复位弹簧	SSWL40-100	4	
缓冲弹簧	SSWF12-20	4	
无头螺钉	M8	12	
密封圈	$\phi10$	12	
定位销	$\phi10×60$	2	
	$\phi10×140$	4	
螺钉	M14×35	6	
	M14×130	6	
	M10×30	10	
	M6×18	4	
	M6×15	16	
	M6×14	16	
	M6×12	4	
	M8×28	2	滑座
	M8×20	4	
	M8×30	8	

表 13-4 模具料单

名称	长/mm	宽/mm	高/mm	材质	数量	备注
定模底板	410	360	30	45	1	
定模板	410	310	70	45	1	
型腔	270	190	45	P20	1	锯床
型芯	270	190	55	P20	1	锯床
动模板	410	310	70	45	1	
模脚	410	100	60	45	2	
顶针板	410	190	20	45	1	
顶针板固定板	410	190	25	45	1	
动模底板	410	360	30	45	1	

（2）模具总装图

经过上述一系列的分析与设计，最后通过 UG3D 软件设计全三维模具总装图来表示模具的结构，如图 13-5、图 13-6 所示。

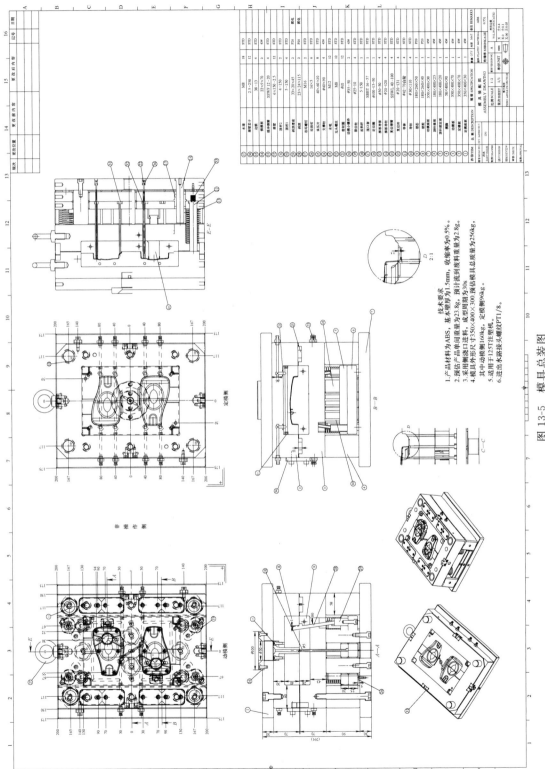

技术要求
1.产品材料为ABS，基本壁厚为1.5mm，收缩率为0.5%。
2.预估产品单件重量为23.8g，预计流道废料重量为2.8g。
3.采用侧浇口进料，成型周期为30s。
4.模具外形尺寸为350×400×300,预估模具质量总质量为256kg，其中动模侧160kg，定模侧96kg。
5.适用于125T注塑机。
6.进出水路接头螺纹PT1/8。

图 13-5 模具总装图

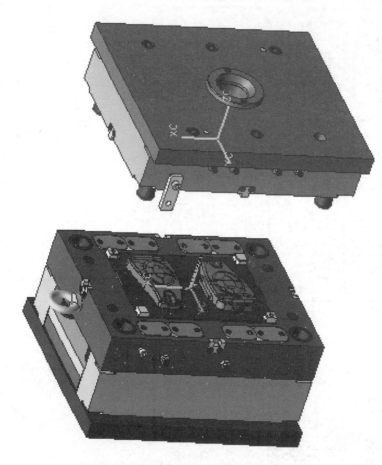

图 13-6 模具总装图（爆炸图）

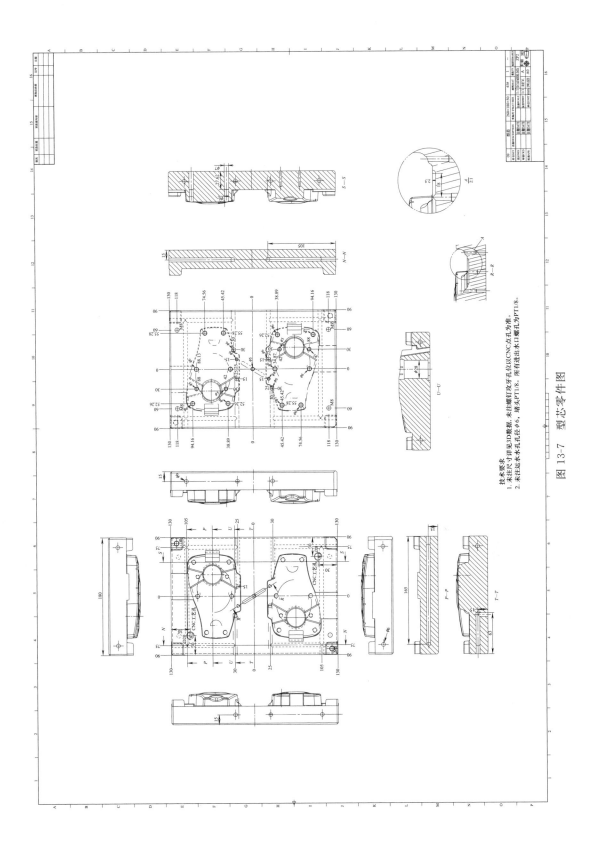

技术要求
1. 未注尺寸详见3D数据,未注螺钉攻牙孔位以CNC点孔为准。
2. 未注运水孔水孔径φ6,堵头为PT1/8,所有进出水口螺孔为PT1/8。

图 13-7 型芯零件图

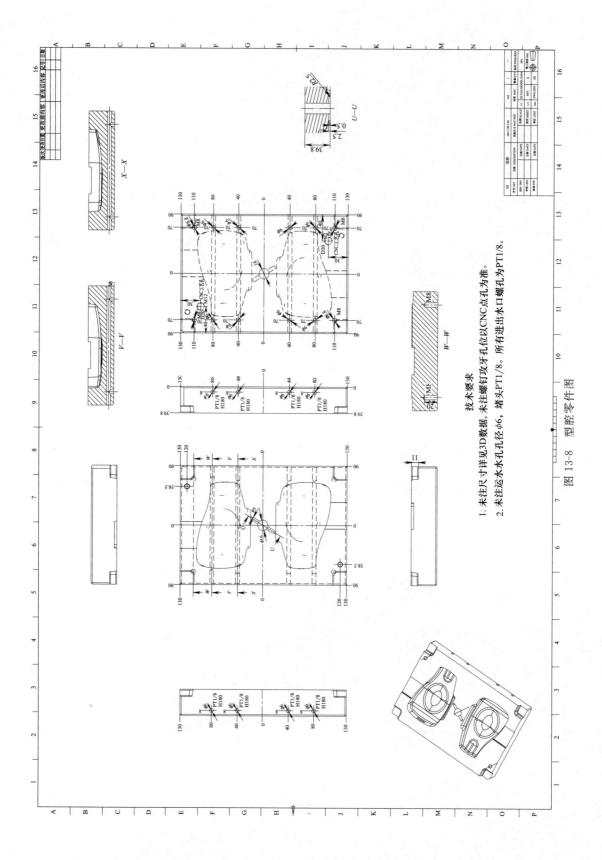

技术要求

1. 未注尺寸详见3D数据，未注螺钉攻牙孔位以CNC点孔为准。所有进出水口螺孔为PT1/8。
2. 未注运水孔孔径φ6，堵头PT1/8。

图 13-8 型腔零件图

（3）模具零件图

绘制主体零件图，包括型芯及型腔零件图，如图 13-7、图 13-8 所示。

总结与思考

1. 哪些橡塑模具材料具有较好的镜面加工性能？

2. 介绍现有橡塑模具材料的主要类型，并列出其代表性材料的牌号。

3. 我国现有哪些预硬型橡塑模具钢？举例说明预硬型橡塑模具钢的应用效果。

4. 简述 P20 钢的性能特点和应用场合。

项目四
设计说明书编写

 能力目标

具有编写设计说明书的能力。

 知识目标

掌握设计说明书的内容和编写顺序。

 任务导入

模具设计完成后，除了形成表达模具结构的图纸外，还要提供表达设计思路和计算校核等计算过程的设计说明书。

▌ 相关知识

设计说明书的内容和顺序如下。

① 设计题目和设计任务书。

② 目录（可省略）。

③ 塑件图。

④ 塑件的工艺性分析。

⑤ 塑件成型方法的分析确定。

⑥ 模具结构方案制订的说明。

a. 型腔数目及布置，确定模具结构类型，初选注射机。

b. 分型面的选择。

c. 浇注系统的形式、部位及尺寸等。

d. 成型零部件的结构设计说明及尺寸计算。

e. 模架结构方案及模架选择。

f. 侧抽芯机构、脱螺纹机构等的设计。

g. 脱模机构设计。

h. 排气系统。

i. 温度调节系统的设计。

j. 其他结构零件设计，如定位装置、吊环设计等。

⑦ 成型设备与模具的校核。

⑧ 其他技术说明，如塑件的成型工艺卡片，模具需加工零件的制造工艺卡片。

⑨ 模具装配图、成型零件图简图。

⑩ 设计小结。

示例一 塑料盖子模具设计说明书

4.1.1 塑料盖子工艺性分析

盖子结构如图 4-1-1 所示，材料采用 ABS，结构分析如下。

4.1.1.1 外形尺寸精度

产品结构比较简单，分型线平整。该塑件外形尺寸为 $153 \times 153 \times 16$，属于中型尺寸塑件，壁厚为 2.5mm，厚薄较适中。

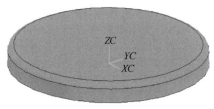

图 4-1-1 产品结构

4.1.1.2 脱模斜度

ABS 属于无定型塑料，成型收缩率 0.5%，该塑件脱模斜度周圈均匀都为 4°，斜度较大，脱模容易。

通过以上分析，加之该塑件没有孔、螺纹等其他复杂结构的设计，因此，该塑件利用注射成型工艺进行生产，成型工艺容易控制，模具结构也简单。

4.1.2 模具结构形式

4.1.2.1 分型面位置的确定

通过对塑件结构形式的分析，根据分型面选择原则，分型面应选在产品截面积最大的位置，其具体分型位置如图 4-1-2 所示，图 4-1-2 所示为根据分型线分析后所作的分型面。

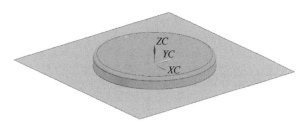

图 4-1-2 分型面设计

4.1.2.2 型腔数量和排列方式的确定

（1）型腔数量的确定

该塑件外形尺寸较大，考虑到模具结构尺寸的大小关系，以及制造费用和各种成本费等因素，所以定为一模一腔的结构形式。

（2）模具结构形式的确定

从上面的分析可知，本模具设计为一模一腔。塑件内部空间较大，而且顶出阻力主要集中于塑件四周侧壁，因此可以容纳顶针等常规的顶出结构。

由于该塑件尺寸较大，浇口考虑设计在产品顶面加工大浇口。

模架方面，由上综合分析可确定为单分型面模架，因此选用龙记模架的 CI 型大水口模架比较适合。

4.1.3 初选注射机

4.1.3.1 注射机型号的确定

（1）注射量的计算

通过三维软件建模设计分析计算得

塑件体积：$V_塑 = 59.3\text{cm}^3$

塑件质量：$m_塑 = \rho V_塑 = 1.06 \times 59.3 = 62.86$（g）

式中，ρ 参考相关资料取 1.06g/cm^3。

（2）浇注系统凝料质量的初步估算

浇注系统的凝料在设计之前不能确定准确的数值，但是可以根据经验按照塑件质量的 $0.2 \sim 1$ 倍来计算。由于本次采用的是一点进浇，无分流道，因此浇注系统的凝料按塑件质量的 0.2 倍来估算，估算一次注入模具型腔塑料的总质量（即浇注系统的凝料＋塑件质量之和）为：

$$m_总 = m_塑(1+0.2) = 62.86 \times 1.2 = 75.43(\text{g})$$

（3）选择注射机

根据第二步计算得出一次注入模具型腔的塑料总质量 $m_总 = 75.43\text{g}$，要与注塑机理论注射量的 0.8 倍相匹配，这样才能满足实际注塑的需要。注塑机的理论注射量为：

$$m_{注射机} = m_总/0.8 = 75.43/0.8 = 94.29(\text{g})$$

因此初步选定注射机理论注射容量为 157g，注射机选用为型号 HTF（海天）120-A 的卧式注射机，其主要技术参数见表 4-1-1。

表 4-1-1 注射机技术参数

理论注射容量/g	157	开模行程/mm	350
螺杆直径/mm	36	最大模具厚度/mm	430
注射压力/MPa	197	最小模具厚度/mm	150
注射速率/(mm/s)	121	顶出行程/mm	120
锁模力/kN	1200	顶出力/kN	33
拉杆内间距/mm	410×410	最大油泵压力/MPa	16

4.1.3.2 注射机相关参数的校核

（1）注射压力校核

ABS 所需的注射压力为 $80 \sim 110\text{MPa}$，这里取 $p_0 = 100\text{MPa}$，该注射机的公称注射压力 $p_公 = 197\text{MPa}$，注射压力安全系数 $k_1 = 1.25 \sim 1.4$，这里取 $k_1 = 1.4$，则：

$$k_1 p_0 = 1.4 \times 100\text{MPa} = 140\text{MPa} < p_公$$

所以，注射机注射压力合格。

（2）锁模力校核

塑件在分型面上的投影面积 $A_塑$，通过 3D 软件计算出投影面积为：

$$A_塑 = 18215\text{mm}^2$$

浇注系统在分型面上的投影面积，因为该塑件分流道面积小，投影面积不是很大，所以可以不计。

塑件和浇注系统在分型面上总的投影面积 $A_总$，由于 $A_浇$ 不计，则

$$A_总 = A_塑 = 18215\text{mm}^2$$

模具型腔内的熔料压力 $F_{胀} = A_{总} \ p_{模}$，则

$$F_{胀} = A_{总} \ p_{模} = 18215 \times 40 N = 728600 N = 728.6 kN$$

式中，$p_{模}$ 是型腔的平均计算压力值。$p_{模}$ 通常取注射压力的 $20\% \sim 40\%$，大致范围为 $20 \sim 60 MPa$。对于黏度较大、精度较高的塑件应取较大值。ABS 属于中等黏度塑料及精度要求不高的塑件，$p_{模}$ 取 40MPa。

查表 4-1-1 可得该注射机的公称锁模力 $F_{锁} = 1200 kN$，锁模力安全系数为 $k_2 = 1.1 \sim 1.2$，这里取 $k_2 = 1.2$，则

$$k_2 F_{胀} = 1.2 F_{胀} = 728.6 \times 1.2 N = 874 N < F_{锁}$$

所以，注射机锁模力合格。

对于其他安装尺寸的校核要等到模架选定、结构尺寸确定后方可进行。

4.1.4 浇注系统设计

4.1.4.1 浇口的位置选择

由于该模具是一模一腔，为考虑塑料在模腔内的顺利流动，浇口初定为大浇口，为了平衡浇注系统，因此，浇口选择在模具的中心位置，如图 4-1-3 所示。

4.1.4.2 冷料穴的设计

冷料穴的作用是储存因两次注射间隔而产生的冷料头及熔体流动的前锋冷料，防止熔体冷料进入型腔，影响塑件的质量。但是直接浇口一般不设计冷料穴。

4.1.4.3 定位圈设计

定位圈采用标准件，具体参数为：外径 $\phi 100mm$，内径 $\phi 50mm$（与浇口套外径形成配合），如图 4-1-4 所示。

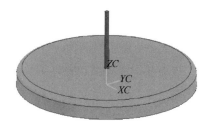

图 4-1-3 浇注系统设计

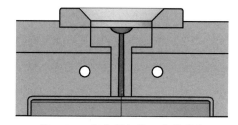

图 4-1-4 定位圈与浇口套的配合

4.1.5 成型零件结构设计

4.1.5.1 成型零件的结构设计

（1）型腔件的结构设计

型腔件是成型塑件的外表面的成型零件。按型腔结构的不同可将其分为整体式、整体嵌入式、组合式和镶拼式四种。本设计中采用整体式型腔，如图 4-1-5 所示。

（2）型芯件的结构设计

型芯是成型塑件内表面的成型零件，通常可以分为整体式和组合式两种类型。通过对塑件的结构分析，本设计中采用整体式型芯，如图 4-1-6 所示。

4.1.5.2 成型零件钢材选用

根据成型塑件的综合分析，该塑件的成型零件要有足够的刚度、强度、耐磨性及良好的抗疲劳性能，同时考虑它的机械加工性能和抛光性能，所以构成型腔的凹模和凸模选用 P20 合金钢。

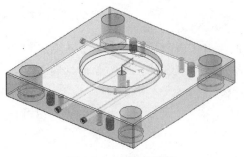

图 4-1-5 型腔件结构

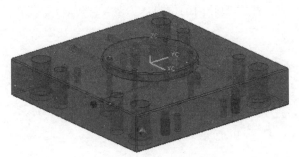

图 4-1-6 型芯件结构

4.1.6 模架选取

根据整体嵌入式的外形尺寸,塑件进浇方式为大浇口进浇,又考虑导柱、导套的布置等,再同时参考注射模架的选择方法,可确定选用大水口 CI3030 型(即宽×长＝300mm×300mm)模架结构,如图 4-1-7 所示。

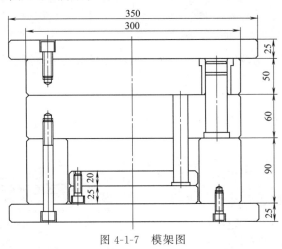

图 4-1-7 模架图

4.1.6.1 各模板尺寸的确定

(1) 定模板尺寸

由于定模是整体式,因此定模板就是型腔件,加上整体式型腔件上还要开设冷却水道,定模板上需要留出足够的距离引出水路,且也要有足够的强度,故定模板厚度取 50mm。

(2) 动模板尺寸

具体选取方法与定模板相似,由于动模板下面是模脚,中间为推板,特别是注射时,要承受很大的注射压力,所以相对定模板来讲相对厚一些,故动模板厚度取 60mm。

(3) 模脚尺寸

模脚高度＝顶出行程＋推板厚度＋顶出固定板厚度＋5＝20＋20＋25＋5＝70(mm),所以初定模脚为 70mm。

经上述尺寸的计算,模架尺寸已经确定为 CI3030 模架。其外形尺寸:宽×长×高＝350mm×300mm×250mm,如图 4-1-7 所示。

4.1.6.2 模架各尺寸的校核

根据所选注射机来校核模具设计的尺寸。

（1）模具平面尺寸

350mm×300＜410mm×410mm（拉杆间距），校核合格。

（2）模具高度尺寸

150mm＜250mm＜410mm（模具的最大厚度和最小厚度），校核合格。

（3）模具的开模行程

50mm（凝料长度）＋2×15mm（2倍的产品高度）＋10mm（塑件推出余量）＝90mm＜350mm（注射机开模行程）

校核合格。

4.1.7　排气设计

当塑料熔体充填型腔时，必须有序地排出型腔内的空气及塑料受热产生的气体。如果气体不能被顺利地排出，塑件会由于充填不足而出现气泡、接缝或表面轮廓不清等缺点；甚至因气体受压而产生高温，使塑料焦化。该模具利用配合间隙排气的方法，即利用分型面之间的间隙进行排气，并利用推板与型芯之间的配合间隙进行排气。

4.1.8　推出机构设计

由于塑件的推出阻力集中在产品的侧壁处，所以采用圆顶杆顶出，顶出力可以均匀分布在塑件的周围包紧力较大的位置。在塑件侧壁处设计有四根直径8mm的圆顶杆，如图4-1-8所示。

4.1.9　冷却系统设计

ABS属于中等黏度材料，其成型温度及模具温度分别为200℃和50～80℃。所以，模具温度初步选定为50℃，用常温水对模具进行冷却。

图4-1-8　顶出机构

冷却系统设计时忽略模具因空气对流、辐射以及与注射机接触所散发的热量，单位时间内塑料熔体凝固时所放出的热量应等于冷却水所带走的热量。

型腔的成型面积比较平坦，比较适合直通式冷却回路，如图4-1-9所示。而动模部分的水路，如图4-1-10所示。

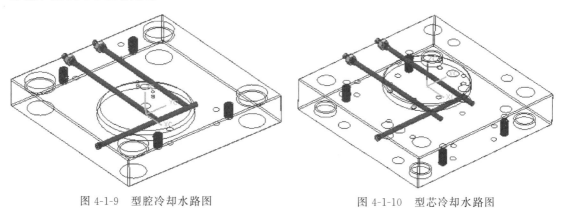

图4-1-9　型腔冷却水路图　　　　图4-1-10　型芯冷却水路图

4.1.10　总装图

经过上述一系列的分析与设计，最后通过3D软件设计全三维模具总装图来表示模具的结构，如图4-1-11～图4-1-14所示。

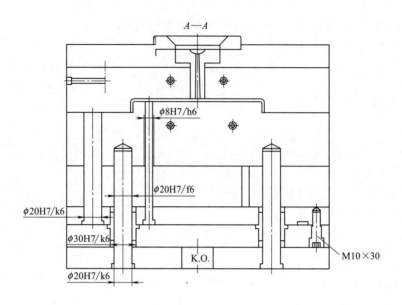

图 4-1-11　模具主视图

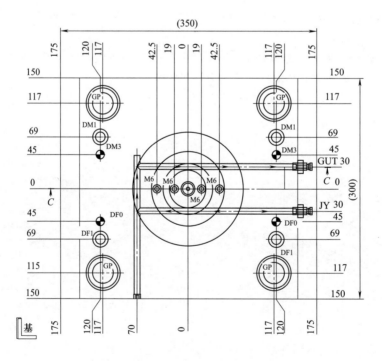

图 4-1-12　模具俯视图

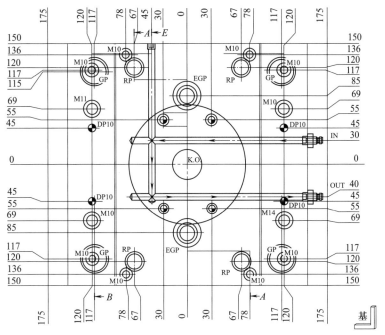

图 4-1-13 动模侧俯视图

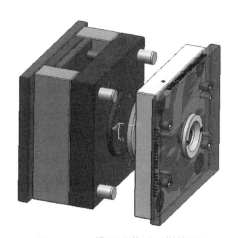

图 4-1-14 模具总装图（爆炸图）

示例二 垫圈注塑模具设计说明书

4.2.1 制件分析

4.2.1.1 产品基本信息

产品的形状尺寸由客户提供，如图 4-2-1 所示，根据客户要求，产品材料选用 ABS，收缩率为 0.5%，经三维设计软件分析后，单个制件的体积为 1926mm^3。

4.2.1.2 产品结构特征分析

该产品是个垫圈，呈环形，结构上有通孔，如图 4-2-2 所示。通孔可采用镶件成型。

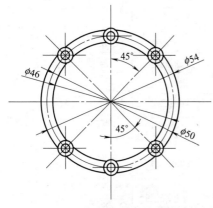

图 4-2-1　塑料垫圈产品零件图　　　　　　　　图 4-2-2　塑料垫圈产品三维图

拔模是为了垫圈能从模具中顺利取出并避免发生塑件因脱模不顺产生不良缺陷。为了防止垫圈拔模处理不当而导致垫圈拉伤、顶凸、粘模等，在拔模时选择如图 4-2-3 的面作为拔模基准面。

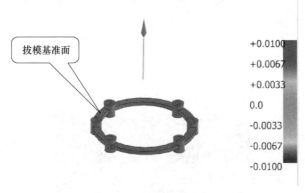

图 4-2-3　垫圈拔模分析

4.2.2　模具结构形式的确定

（1）型腔数量的确定

该塑件外形尺寸不大，考虑到客户指定一模四腔关系，以及制造费用和各种成本费等因素，最终确定为一模四腔的布局结构形式。

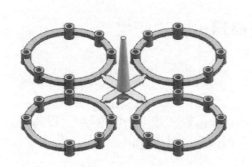

图 4-2-4　型腔布局

（2）模具结构形式的确定

由于该塑件的形状特点及外观质量要求一般，故采用侧浇口进胶，布局效果如图 4-2-4 所示。

因此模具结构形式为单分型面两板模结构。

4.2.3　注射机型号的确定

（1）注射量的计算

通过三维软件建模设计分析计算得塑件体积：$V_{塑} = 1.93 \text{cm}^3$

塑件质量：$m_塑 = \rho V_塑 = 1.93 \times 1.06 = 2.05$（g）

式中，ρ 参考相关资料取 1.06g/cm^3。

（2）浇注系统凝料体积的初步估算

浇注系统的凝料在设计之前不能确定准确的数值，但是可以根据经验按照塑件质量的 $0.2 \sim 1$ 倍来计算。由于本次采用的是侧浇口进浇，分流道简单并且较短，但塑件质量较小，因此浇注系统的凝料按塑件质量的 0.5 倍来估算，估算一次注入模具型腔塑料的总体积（即浇注系统的凝料＋塑件体积之和）为：

$$m_总 = 4m_塑(1+0.5) = 4 \times 2.05 \times 1.5 = 12.3(\text{g})$$

（3）选择注射机

根据第二步计算得出一次注入模具型腔的塑料总质量 $m_总 = 12.3\text{g}$，要与注塑机理论注射量的 0.8 倍相匹配，这样才能满足实际注塑的需要。注塑机的理论注射量为：

$$m_{注射机} = m_总/0.8 = 12.3/0.8 = 15.36(\text{g})$$

因此初步选定注射机理论注射容量为 60g，注射机选用型号为 HTF58-A 的卧式注射机，其主要技术参数见表 4-2-1。

表 4-2-1　注射机技术参数

理论注射容量/g	60	开模行程/mm	270
螺杆直径/mm	26	最大模厚/mm	320
注射压力/MPa	245	最小模厚/mm	120
注射速率/(mm/s)	144.5	顶出行程/mm	70
锁模力/kN	580	顶出力/kN	33
拉杆内间距/mm	310×310	最大油泵压力/MPa	16

（4）注射机相关参数的校核

① 注射压力校核　ABS 所需的注射压力为 $80 \sim 110\text{MPa}$，这里取 $p_0 = 100\text{MPa}$，该注射机的公称注射压力 $p_公 = 245\text{MPa}$，注射压力安全系数 $k_1 = 1.25 \sim 1.4$，这里取 $k_1 = 1.4$，则：

$$k_1 p_0 = 1.4 \times 100\text{MPa} = 140\text{MPa} < p_公$$

所以，注射机注射压力合格。

② 锁模力校核　塑件在分型面上的投影面积 $A_塑$，通过计算投影面积为：

$$A_塑 = 1306\text{mm}^2$$

浇注系统在分型面上的投影面积，因为该塑件分流道面积小，投影面积不是很大，所以可以不计。

塑件和浇注系统在分型面上总的投影面积 $A_总$，由于 $A_浇$ 不计，则

$$A_总 = A_塑 = 1306\text{mm}^2$$

③ 模具型腔内的熔料压力 $F_胀$

$$F_胀 = A_总 p_模 = 4 \times 1306 \times 30 = 156720(\text{N}) = 156.72\text{kN}$$

式中，$p_模$ 是型腔的平均计算压力值。$p_模$ 通常取注射压力的 $20\% \sim 40\%$。对于黏度较

大、精度较高的塑件应取较大值。ABS 属于中等黏度塑料，此塑件没有精度要求，$p_{模}$ 取 30MPa。

查表可得该注射机的公称锁模力 $F_{锁} = 580$kN，锁模力安全系数为 $k_2 = 1.1 \sim 1.2$，这里取 $k_2 = 1.2$，则

$$F_{胀} = 1.2 \times 156.72 = 188(kN)$$

所以，注射机锁模力合格。

对于其他安装尺寸的校核要等到模架选定，结构尺寸确定后方可进行。

4.2.4 注塑模 3D 结构设计

4.2.4.1 分型面设计

（1）内部分型面设计

根据之前的分析和技术处理后，产品内部结构设计如图 4-2-5 所示。

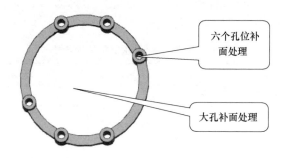

图 4-2-5 内部分型面处理

（2）外部分型面设计

分型面设计在沿开模方向的最大投影面上，采用一张有界平面作为基本面，外分型面设计如图 4-2-6 所示。

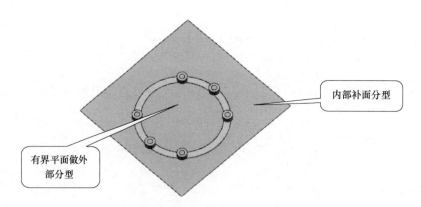

图 4-2-6 分型面设计

4.2.4.2 成型零件设计

① 定模板效果如图 4-2-7 所示。

② 动模板效果如图 4-2-8 所示。

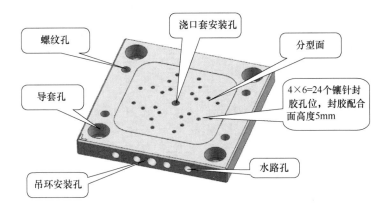

图 4-2-7 定模部分型腔结构

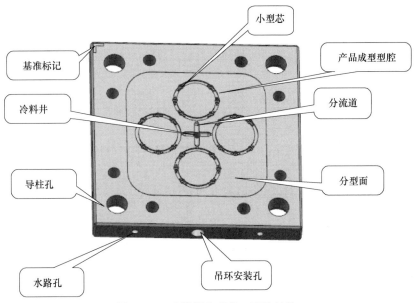

图 4-2-8 动模部分型芯、型腔结构

4.2.4.3 标准模架选择

模架选用龙记大水口 AI2530 两板模架，模架的基本信息如图 4-2-9、图 4-2-10 所示。

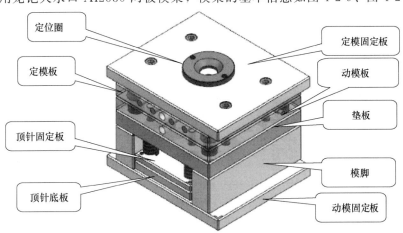

图 4-2-9 模架 3D 结构图

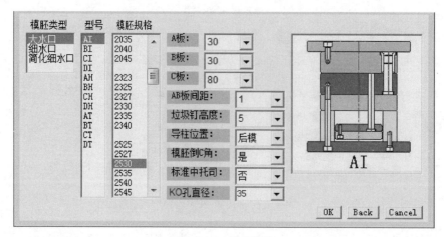

图 4-2-10 模架规格

模架各板之间厚度关系如图 4-2-11 所示。

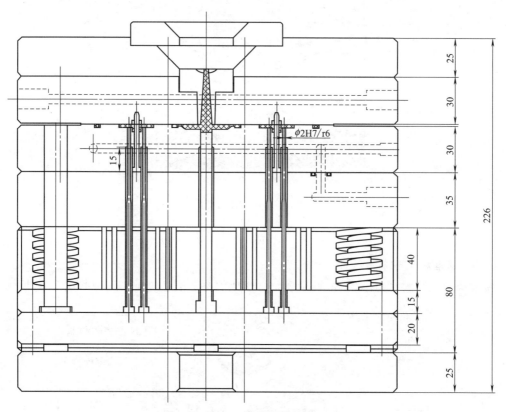

图 4-2-11 模板厚度尺寸

4.2.4.4 浇注系统设计

采用侧浇口进胶，浇注系统可以浇注平衡，填充饱满。3D 效果如图 4-2-12 所示。

4.2.4.5 温控系统设计

在型芯上设计 1 个环形水路，型腔上设计 4 个直通式水路，如图 4-2-13 进出温差控制在 10℃内，冷却效果良好，模壁温度控制在 75～88℃。

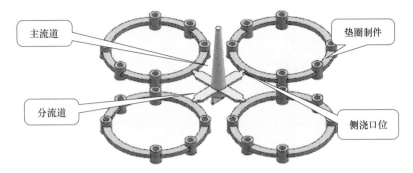

图 4-2-12 浇注系统 3D 效果

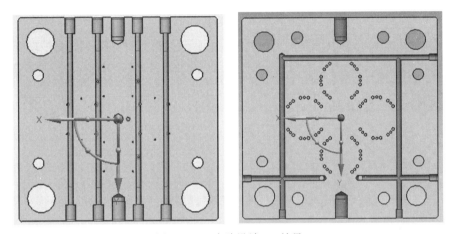

图 4-2-13 水路设计 3D 效果

4.2.4.6 顶出系统设计

根据产品内部机构及脱模力计算，采用 48 根 2mm 圆形防转顶针，且顶针与型腔的配合长度为 15mm，避空 1mm，3D 效果如图 4-2-14 所示。

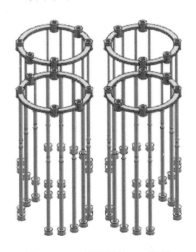

图 4-2-14 顶针设计 3D 效果

4.2.5 主要零件加工工艺过程卡

主要零件加工工艺过程卡片如表 4-2-2～表 4-2-4 所示。

表 4-2-2　支承板加工工艺过程卡

单位名称	垫圈支承板加工工艺过程卡片		模具编号		审核		共 1 页	第 1 页
			零件名称	支承板	批准		工艺人员	
	材料	Cr12	毛坯种类	方板	毛坯尺寸	255×255×40	每件毛坯可制件数	1

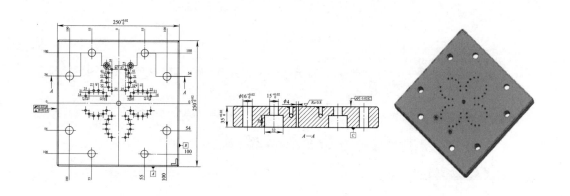

工序号	工序名称	工序内容及要求	工装及设备	检具	品质负责人	备注
1	下料	锯板料,尺寸 255×255×40	锯床	300 钢尺检验		
2	热处理	将毛坯进行球化退火处理,以消除内应力,改善组织及加工性能	热处理炉	硬度计		
3	铣六面	铣各平面,上、下表面厚度单边留磨削余量 0.2~0.3mm,四周面达到尺寸要求	铣床、平口虎钳、立式铣刀	游标卡尺 0~300/0.02		
4	磨六面	磨上、下平面,两基准面至图样尺寸,磨侧基面,保证互相垂直	平面磨床、电磁盘	百分表 250~450/0.01,游标卡尺 0~300/0.02		
5	钳工	1. 划中心线、垫板螺钉孔、复位杆孔、顶针孔、勾料针孔、水路孔 2. 顶杆避空孔,弹簧沉孔,螺钉过孔,按图纸要求到位	钻床、平口钳,各个规格的钻头、丝攻			
6	线割复位杆孔	线割复位杆孔	线切割机、平面工作架	内径千分尺 0~25/0.01		
7	铣削	密封圈配合位	加工中心	游标卡尺 0~150/0.02		
8	热处理	淬火使硬度达到 60~64HRC	热处理炉、油槽	洛氏硬度计(120°金刚石圆锥体压头)		
9	钳工研磨	研光复位杆达到要求	磨具、磨料	内径千分尺 0~25/0.01		
10	检验	按图样检验	检验台			

表 4-2-3 定模板加工工艺过程卡

单位名称	垫圈定模板加工工艺过程卡片		模具编号		审核		共 1 页	第 1 页
			零件名称	定模板	批准		工艺人员	
	材料	Cr12	毛坯种类	方板	毛坯尺寸	255×255×35	每件毛坯可制件数	1

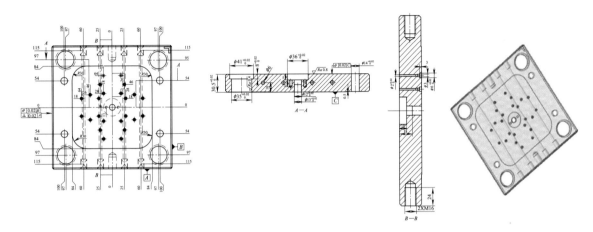

工序号	工序名称	工序内容及要求	工装及设备	检具	品质负责人	备注
1	下料	锯板料,尺寸 255×255×35	锯床	300 钢尺检验		
2	热处理	将毛坯进行球化退火处理,以消除内应力,改善组织及加工性能	热处理炉	硬度计		
3	铣六面	铣各平面,上、下表面厚度单边留磨削余量 0.2~0.3mm,四周面达到尺寸要求	铣床、平口虎钳、立式铣刀	游标卡尺 0~300/0.02		
4	磨六面	磨上、下平面,两基准面至图样尺寸,磨侧基面,保证互相垂直	平面磨床、电磁盘	百分表 250~400/0.01,游标卡尺 0~300/0.02		
5	钳工	1. 划中心线、水路孔、导柱孔、螺钉孔 2. 在定模板上钻导柱孔,预留切割余量,攻螺纹	钻床、平口钳、各个规格的钻头、丝攻	游标卡尺 0~300/0.02		
6	线割定模板孔	按图切割导柱孔,留 0.01~0.02 单边研量	线切割机、平面工作架	内径千分尺 0~25/0.01		
7	铣削	铣削挂台位,成型部分,镶针配合位,浇口套孔	数控铣床,D10、D6、D2 立式铣刀	游标卡尺 0~150/0.02		
8	热处理	硬度达到 60~64HRC 以上	热处理炉	硬度计		
9	钳工研磨	研光各定模板孔,成型部分达到要求	磨具、磨料	内径千分尺 0~25/0.01		
10	检验	按图样检验	检验台			

表 4-2-4 动模板加工工艺过程卡

单位名称	垫圈动模板加工工艺过程卡片		模具编号		审核		共1页		第1页
			零件名称	动模板	批准		工艺人员		
	材料	Cr12	毛坯种类	块料	毛坯尺寸	255×255×35	每件毛坯可制件数		1

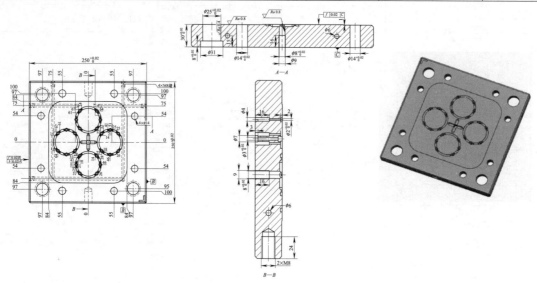

工序号	工序名称	工序内容及要求	工装及设备	检具	品质负责人	备注
1	下料	锯块料,255×255×35	锯床	200钢尺检验		
2	热处理	将毛坯进行球化退火处理,以消除内应力,改善组织及加工性能	热处理炉	硬度计		
3	铣六面	铣各平面,上、下表面厚度单边留磨削余量0.2~0.3mm,四周面达到尺寸要求	铣床、平口虎钳、立式铣刀	游标卡尺0~300/0.02		
4	磨六面	磨上、下平面,两基准面至图样尺寸,磨侧基面,保证互相垂直	平面磨床、电磁盘	百分表250~400/0.01,游标卡尺0~200/0.02		
5	铣削	铣削成型部分及流道	加工中心、精密平口钳、百分表、各尺寸立式铣刀	游标卡尺0~200/0.02		
6	钳工	1. 划中心线、水路孔、螺孔、导柱孔、复位杆孔、勾料针孔、镶针孔、顶针孔 2. 打螺孔、水路孔、导柱孔、复位杆孔、勾料针孔,打镶针孔、顶针孔及避空,预留切割余量,攻螺纹	钻床、平口钳,各个规格的钻头、丝攻	游标卡尺0~300/0.02		
7	线切割	顶针孔,镶针孔,勾料针孔,导柱孔,复位杆孔	中走丝线切割机床、百分表	百分表100/0.01,游标卡尺0~200/0.02		
8	铣削	铣削挂台孔	数控铣床,D6立式铣刀	游标卡尺0~150/0.02		
9	热处理	硬度达到60~64HRC以上	热处理炉	硬度计		
10	钳工研磨	研光各动模板孔,成型部分达到要求	磨具、磨料	内径千分尺0~25/0.01		
11	检验	检验各尺寸精度、表面粗糙度、同轴度是否符合要求	检验台			

4.2.6　模具 3D 爆炸图

此制件通过以上的设计，可得到模具爆炸图如图 4-2-15 所示。模具由上模座板、定模板、动模板、模脚、下模座板、顶针板、顶针固定板等组成。

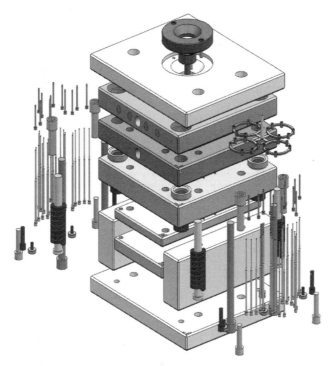

图 4-2-15　模具爆炸图

4.2.7　模具材料的选择

①　模架推荐选用材料牌号：P20、738/718、S136H、S136。热处理硬度为 62～64HRC。

②　型芯、型腔推荐选用材料牌号：P20、45。热处理硬度为 62～64HRC。

③　定位圈、浇口套材料牌号：T10。

④　顶针、斜顶选用材料牌号：SHK51。

⑤　导柱、导套选用的材料牌号：20、T10A。

⑥　螺钉：45（热处理硬度为 43～48HRC）。销钉：45（43～48HRC）、T7（52～54HRC）。

本设计中其他零件选择的具体的材料见总图的明细栏。

示例三　齿轮注塑模具设计说明书

4.3.1　制件分析

4.3.1.1　产品基本信息

产品零件图如图 4-3-1 所示。

根据要求，产品材料选用 ABS，收缩率为 0.5%，经软件分析后，单个制件的质量为

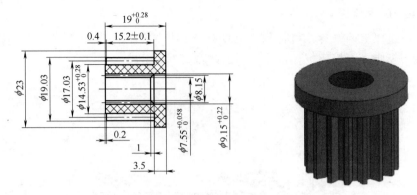

图 4-3-1　齿轮零件图

0.03kg，体积为 $3843mm^3$，产品基本信息如图 4-3-2 所示。

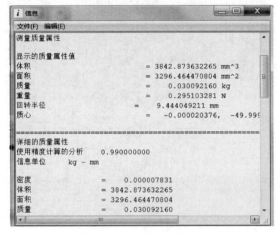

图 4-3-2　产品基本信息

4.3.1.2　产品拔模

拔模是为了齿轮能从模具顺利取出并避免发生塑件因脱模不顺产生不良缺陷。为了防止齿轮拔模处理不当而导致齿轮拉伤、顶凸、粘模等，在拔模时选择如图 4-3-3 的面作为拔模基准面。

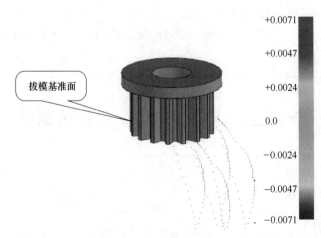

图 4-3-3　拔模分析

4.3.2　型腔布局

4.3.2.1　型腔数量的确定

　　该塑件外形尺寸不大，考虑到客户指定一模两腔关系，以及制造费用和各种成本费等因素，最终确定为一模两腔的布局结构形式。

4.3.2.2　模具结构形式的确定

　　由于该塑件外观要求一般，故采用点浇口进胶；模架选用三板模结构，型腔及浇注系统布局效果如图 4-3-4 所示。

图 4-3-4　型腔布局

4.3.3　注射机型号的确定

　　注射机的选择和主要参数校核参照前面的示例一和示例二，此处省略。

4.3.4　注塑模 3D 结构设计

4.3.4.1　分型面设计

　　（1）内部分型面设计

根据之前的分析和技术处理后，产品内部分型面设计如图 4-3-5 所示。

　　（2）外部分型面设计

分型面设计在沿开模方向的最大投影面上，采用一张有界平面作为基本面，外部分型面设计如图 4-3-6 所示。

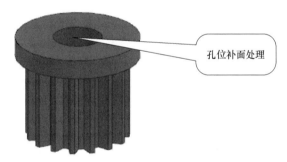

孔位补面处理

图 4-3-5　内部分型面设计

4.3.4.2　成型零件设计

① 型腔板效果如图 4-3-7 所示。

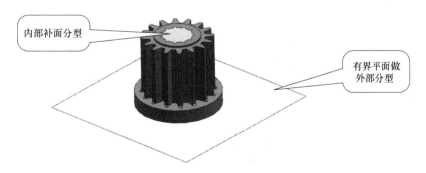

内部补面分型

有界平面做外部分型

图 4-3-6　外部分型面设计

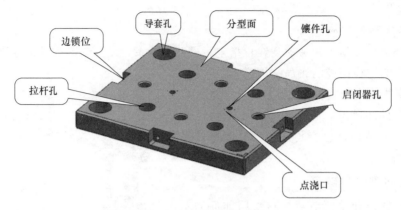

图 4-3-7　型腔板效果图

② 型芯板效果如图 4-3-8 所示。

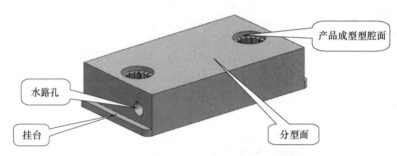

图 4-3-8　型芯板效果图

4.3.4.3　模架选择

模架选用三板模，如图 4-3-9 所示。模架的基本信息如图 4-3-10 所示。

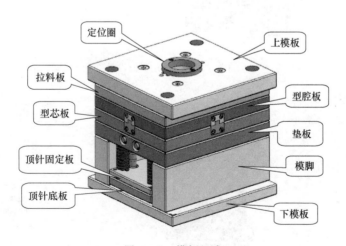

图 4-3-9　模架组成

模架各板之间厚度关系如图 4-3-11 所示。

4.3.4.4　浇注系统设计

采用点浇口进胶，浇注系统填充饱满，3D 效果如图 4-3-12 所示。

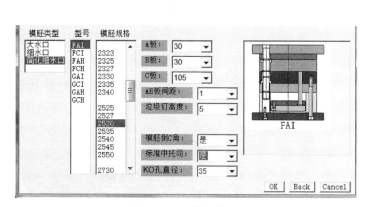

图 4-3-10 模架信息

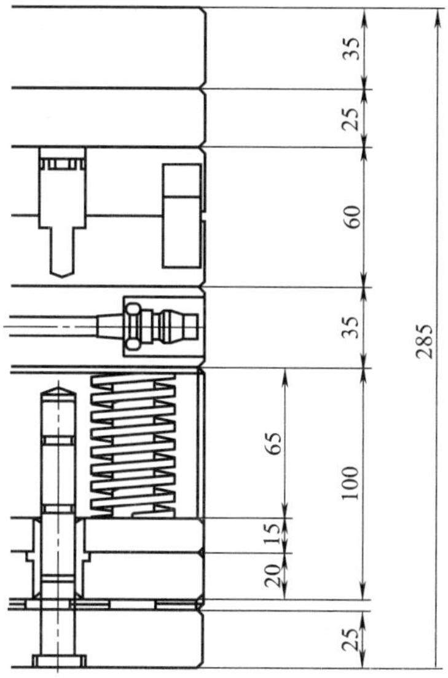

图 4-3-11 模架各板厚

4.3.4.5 温控系统设计

在型芯上设计 2 条直通式水路，如图 4-3-13 所示，进出温差控制在 10℃内，冷却效果良好，模壁温度控制在 75～88℃。

图 4-3-12 点浇口布置

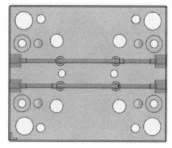

图 4-3-13 冷却水道布置

4.3.4.6 顶出系统设计

根据产品内部机构及脱模力计算，采用 2 根 12mm 圆柱顶针，且顶针与型腔封胶配合长度为 15mm，避空 1mm，如图 4-3-14 所示。

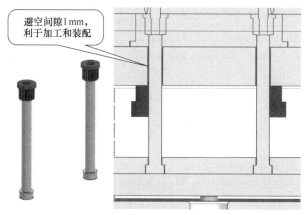

图 4-3-14 顶出机构设计

4.3.5 主要零件加工工艺过程卡

主要零件加工工艺过程卡如表 4-3-1～表 4-3-3。

表 4-3-1 定模板加工工艺过程卡

单位名称	行星减速器太阳轮定模板加工工艺过程卡片		模具编号		审核		共 1 页		第 1 页
			零件名称	定模板	批准		工艺人员		
	材料	Cr12	毛坯种类	方板	毛坯尺寸	255×305×35	每件毛坯可制件数		1

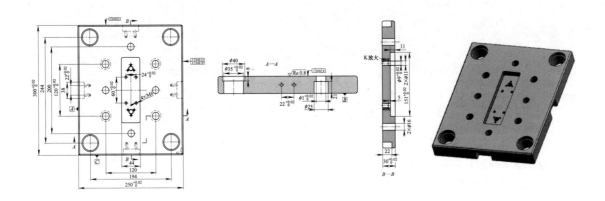

工序号	工序名称	工序内容及要求	工装及设备	检具	品质负责人	备注
1	下料	锯板料，尺寸 255×305×35	锯床	200 钢尺检验		
2	热处理	将毛坯进行球化退火处理，以消除内应力，改善组织及加工性能	热处理炉	硬度计		
3	铣六面	铣各平面，上、下表面厚度单边留磨削余量 0.2～0.3mm，四周面达到尺寸要求	铣床、平口虎钳、立式铣刀	游标卡尺 0～200/0.02		
4	磨六面	磨上、下平面，两基准面至图样尺寸，磨侧基面，保证互相垂直	平面磨床、电磁盘	百分表50～200/0.01,游标卡尺 0～200/0.02		
5	钳工	1. 划中心线、导柱孔、避空孔 2. 在定模板上钻导柱孔、避空孔	钻床、平口钳，各个规格的钻头、丝攻	游标卡尺 0～200/0.02		
6	线切割定模孔	按图切割导柱孔、镶件孔，导柱孔留 0.01～0.02 单边研量	线切割机、平面工作架	游标卡尺 0～200/0.02		
7	铣削	铣削各轮廓尺寸达到要求	数控铣床、各铣削刀具	游标卡尺 0～200/0.02		
8	热处理	硬度达到 60～64HRC 以上	热处理炉	硬度计		
9	钳工研磨	研光各配合孔达到要求	磨具、磨料	游标卡尺 0～200/0.02		
10	检验	按图样检验	检验台			

表 4-3-2 动模板加工工艺过程卡

单位名称	行星减速器太阳轮动模板加工工艺过程卡片	模具编号		审核		共 1 页		第 1 页
		零件名称	动模板	批准		工艺人员		
	材料	Cr12	毛坯种类	方板	毛坯尺寸	255×305×35	每件毛坯可制件数	1

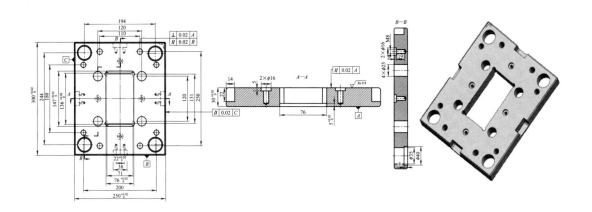

工序号	工序名称	工序内容及要求	工装及设备	检具	品质负责人	备注
1	下料	锯板料,尺寸 255×305×35	锯床	200 钢尺检验		
2	热处理	将毛坯进行球化退火处理,以消除内应力,改善组织及加工性能	热处理炉	硬度计		
3	铣六面	铣各平面,上、下表面厚度单边留磨削余量 0.2~0.3mm,四周面达到尺寸要求	铣床、平口虎钳、立式铣刀	游标卡尺 0~200/0.02		
4	磨六面	磨上、下平面,两基准面至图样尺寸,磨侧基面,保证互相垂直	平面磨床、电磁盘	百分表 50~200/0.01,游标卡尺 0~200/0.02		
5	钳工	1. 划中心线、导柱孔、螺钉孔 2. 在定模板上钻导柱孔、镶件孔,预留切割余量。攻螺纹	钻床、平口钳,各个规格的钻头、丝攻	游标卡尺 0~200/0.02		
6	线切割动模孔	按图切割导柱孔、镶件孔,导柱孔留 0.01~0.02 单边研量	线切割机、平面工作架	游标卡尺 0~200/0.02		
7	铣削	铣削各轮廓尺寸达到尺寸要求	数控铣床、各铣削刀具	游标卡尺 0~200/0.02		
8	热处理	硬度达到 60~64HRC 以上	热处理炉	硬度计		
9	钳工研磨	研光各配合孔达到要求	磨具、磨料	游标卡尺 0~200/0.02		
10	检验	按图样检验	检验台			

表 4-3-3　模仁加工工艺过程卡

单位名称	行星减速器太阳轮模仁加工工艺过程卡片		模具编号		审核		共 1 页	第 1 页
			零件名称	模仁	批准		工艺人员	
材料	Cr12		毛坯种类	方板	毛坯尺寸	80×150×35	每件毛坯可制件数	1

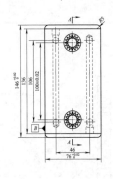 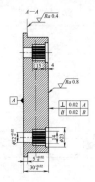 

工序号	工序名称	工序内容及要求	工装及设备	检具	品质负责人	备注
1	下料	锯板料，尺寸 80×150×35	锯床	200 钢尺检验		
2	热处理	将毛坯进行球化退火处理,以消除内应力,改善组织及加工性能	热处理炉	硬度计		
3	铣六面	铣各平面,上、下表面厚度单边留磨削余量 0.2～0.3mm,四周面达到尺寸要求	铣床、平口虎钳、立式铣刀	游标卡尺 0～200/0.02		
4	磨六面	磨上、下平面,两基准面至图样尺寸,磨侧基面,保证互相垂直	平面磨床、电磁盘	百分表 50～200/0.01,游标卡尺 0～200/0.02		
5	钳工	1. 划中心线、水路孔、型腔孔 2. 在模仁上钻水路孔、预钻型腔孔	钻床、平口钳,各个规格的钻头、丝锥	游标卡尺 0～200/0.02		
6	电火花	电火花放电模仁型腔孔	火花机			
7	铣削	铣削各轮廓尺寸达到要求	数控铣床、D10、D4、D2 立式铣刀	游标卡尺 0～150/0.02		
8	热处理	硬度达到 60～64HRC 以上	热处理炉	硬度计		
9	钳工研磨	研光各配合孔达到要求	磨具、磨料	内径千分尺 0～25/0.01		
10	检验	按图样检验	检验台			

图 4-3-15　模具爆炸图

4.3.6　模具装配图和主要零件图

此制件通过以上的设计,爆炸图如图 4-3-15 所示,模具由上模座板、定模板、动模板、模脚、下模座板、顶针板、顶针固定板等组成。

4.3.6.1　总装图

模具总装图如图 4-3-16 所示。

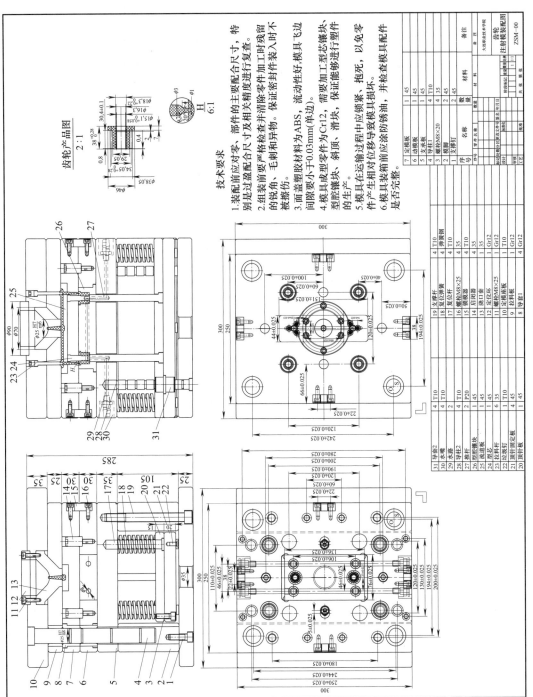

图 4-3-16 模具总装图

4.3.6.2 定模板

模具定模板零件图如图 4-3-17 所示。

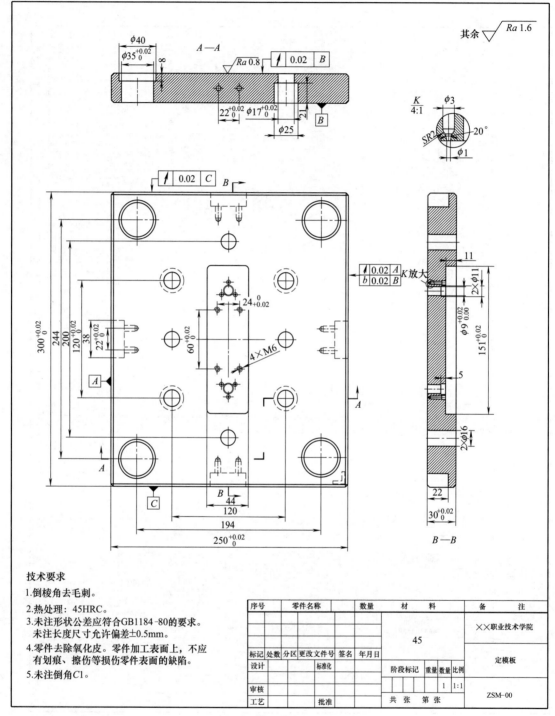

图 4-3-17 定模板零件图

4.3.6.3 动模板

模具动模板零件图如图 4-3-18 所示。

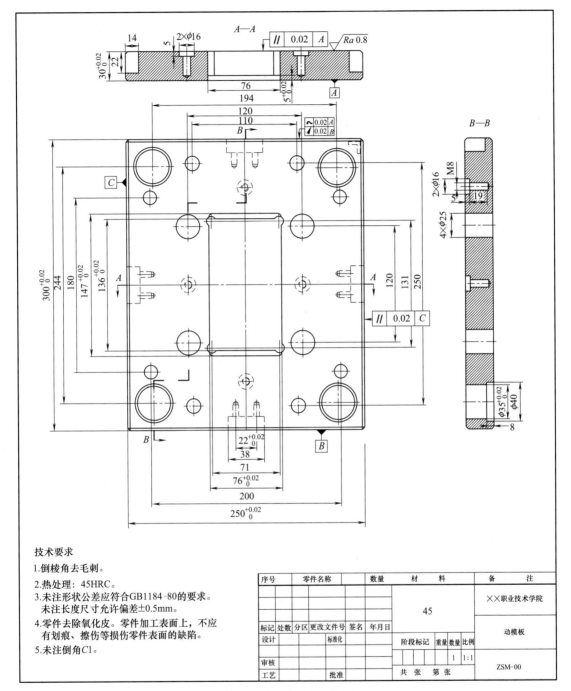

图 4-3-18 动模板零件图

技术要求
1. 倒棱角去毛刺。
2. 热处理：45HRC。
3. 未注形状公差应符合GB1184-80的要求。
   未注长度尺寸允许偏差±0.5mm。
4. 零件去除氧化皮。零件加工表面上，不应
   有划痕、擦伤等损伤零件表面的缺陷。
5. 未注倒角C1。

序号	零件名称		数量	材　料		备　注
						××职业技术学院
				45		
标记	处数	分区	更改文件号	签名	年月日	动模板
设计			标准化		阶段标记 重量 数量 比例	
					1 1:1	ZSM-00
审核						
工艺		批准			共　张　第　张	

4.3.6.4 模仁

模具模仁零件图如图 4-3-19 所示。

4.3.7 模具材料的选择

① 模架推荐选用材料牌号：45 钢。

② 型芯、型腔推荐选用材料牌号：P20、738/718、S136。

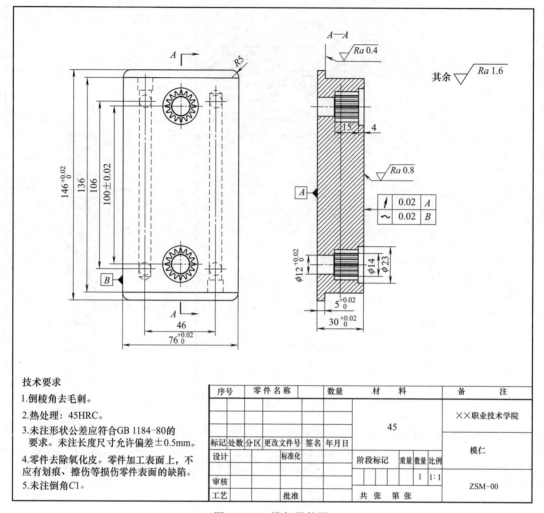

技术要求

1. 倒棱角去毛刺。
2. 热处理：45HRC。
3. 未注形状公差应符合GB 1184-80的要求。未注长度尺寸允许偏差±0.5mm。
4. 零件去除氧化皮。零件加工表面上，不应有划痕、擦伤等损伤零件表面的缺陷。
5. 未注倒角C1。

序号	零件名称		数量	材料		备注	
				45		××职业技术学院	
标记	处数	分区	更改文件号	签名	年月日	模仁	
设计			标准化				
审核				阶段标记	重量	数量	比例
						1	1:1
工艺			批准		共 张 第 张		ZSM-00

图 4-3-19　模仁零件图

③ 定位圈、浇口套材料牌号：T10。

④ 拉料杆、斜顶选用材料牌号：SHK51。

⑤ 滑块选用牌号：P20。

⑥ 导柱、导套选用的材料牌号：20、T10A，热处理硬度为58～62HRC。

⑦ 螺钉：35（热处理硬度为43～48HRC）。销钉：45（热处理硬度为43～48HRC）、T7（热处理硬度为52～54HRC）。

本设计中零件选择的具体的材料见总图的明细栏。

示例四　汽车接插件模具设计说明书

4.4.1　制件分析

4.4.1.1　产品基本信息

产品零件图如图 4-4-1 所示，根据要求，产品材料选用 ABS，收缩率为 0.5％，经软件分析后，单个制件的质量为 0.014kg，体积为 1810mm^3，产品基本信息如图 4-4-2 所示。

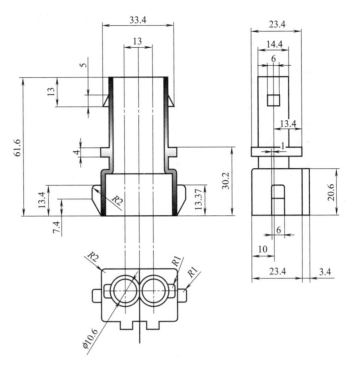

图 4-4-1　产品零件图

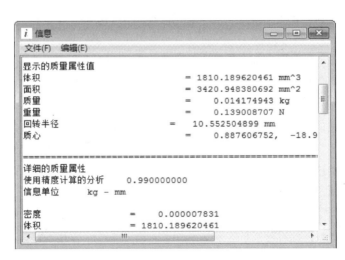

图 4-4-2　产品基本信息

4.4.1.2　产品结构特征

该产品是个汽车部件用接插件，结构上由于中间凹进去，因此只能采用侧向分模，故采用哈夫模结构。

4.4.1.3　产品拔模

拔模是为了汽车接插件能从模具中顺利取出并避免发生塑件因脱模不顺产生不良缺陷。为了防止汽车接插件拔模处理不当而导致汽车接插件拉伤、顶凸、粘模等，在拔模时选择如

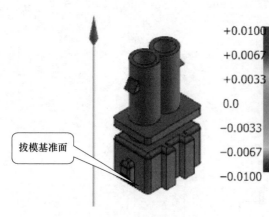

拔模基准面

图 4-4-3　拔模基准面

图 4-4-3 的面作为拔模基准面。

4.4.2　型腔布局

4.4.2.1　型腔数量的确定

该塑件外形尺寸不大，考虑到客户指定一模两腔关系，以及制造费用和各种成本费等因素，最终确定为一模两腔的布局结构形式。

4.4.2.2　模具结构形式的确定

由于该塑件外观有要求，故采用潜伏式浇口进胶，并采用推件板推出的两板模，模架选用直浇口模架。

4.4.3　注射机型号的确定

4.4.3.1　注射量的计算

通过三维软件建模设计分析计算得

塑件体积：$V_{塑} = 1.81 \text{cm}^3$

塑件质量：$m_{塑} = \rho V_{塑} = 1.81 \times 1.02 \text{g} = 1.8462 \text{g}$

4.4.3.2　浇注系统凝料体积的初步估算

浇注系统的凝料在设计之前不能确定准确的数值，但是可以根据经验按照塑件体积的 $0.2 \sim 1$ 倍来计算。由于本次采用的是两点进浇，分流道简单并且较短，因此浇注系统的凝料按塑件体积的 0.2 倍来估算，估算一次注入模具型腔塑料的总体积（即浇注系统的凝料＋塑件体积之和）为：

$$V_{总} = 2 \times V_{塑}(1 + 0.2) = 2 \times 1.8462 \times 1.2 (\text{cm}^3) = 4.47208 \text{cm}^3$$

4.4.3.3　选择注射机

根据第二步计算得出一次注入模具型腔的塑料总体积 $V_{总} = 4.47208 \text{cm}^3$，要与注塑机理论注射量的 0.8 倍相匹配，这样才能满足实际注塑的需要。注塑机的理论注射量为：

$$V_{注射机} = V/0.8 \text{ cm}^3 = 4.47208/0.8 \text{cm}^3 = 5.5926 \text{cm}^3$$

因此注射机理论注射容量应大于 5.5926cm^3，初步选定型号为 HTF58-A 卧式注射机，其主要技术参数见表 4-4-1。

表 4-4-1　注射机技术参数

理论注射容量/g	60	开模行程/mm	270
螺杆直径/mm	26	最大模具厚度/mm	320
注射压力/MPa	245	最小模具厚度/mm	120
注射速率/(mm/s)	144.5	顶出行程/mm	70
锁模力/kN	580	顶出力/kN	33
拉杆内间距/mm	310×310	最大油泵压力/MPa	16

4.4.3.4　注射机相关参数的校核

（1）注射压力校核

ABS 所需的注射压力为 $80 \sim 110 \text{MPa}$，这里取 $p_0 = 100 \text{MPa}$，该注射机的公称注射压力 $p_{公} = 245 \text{MPa}$，注射压力安全系数 $k_1 = 1.25 \sim 1.4$，这里取 $k_1 = 1.4$，则：

$$k_1 p_0 = 1.4 \times 100 \text{MPa} = 140 \text{MPa} < p_公$$

所以，注射机注射压力合格。

（2）锁模力校核

塑件在分型面上的投影面积 $A_塑$，通过 3D 软件计算出投影面积为：

$$A_塑 = 2007.6 \text{mm}^2$$

浇注系统在分型面上的投影面积，因为该塑件分流道面积小，投影面积不是很大，所以可以不计。塑件和浇注系统在分型面上总的投影面积 $A_总$，由于 $A_浇$ 不计，则

$$A_总 = A_塑 = 2007.6 \text{mm}^2$$

（3）模具型腔内的熔料压力 $F_胀$

$$F_胀 = A_总 \, p_模 = 2 \times 2007.6 \times 40 \text{N} = 160608 \text{N} = 160.6 \text{kN}$$

式中，$p_模$ 是型腔的平均计算压力值。$p_模$ 通常取注射压力的 $20\% \sim 40\%$，大致范围为 $37 \sim 74 \text{MPa}$。对于黏度较大、精度较高的塑件应取较大值。ABS 属于中等黏度塑料及有精度要求的件，$p_模$ 取 40MPa。

查表可得该注射机的公称锁模力 $F_锁 = 580 \text{kN}$，锁模力安全系数为 $K_2 = 1.1 \sim 1.2$，这里取 $K_2 = 1.2$，则

$$F_胀 = 1.2 \times 160.6 = 192.7 \ (\text{kN})$$

所以，注射机锁模力合格。

对于其他安装尺寸的校核要等到模架选定，结构尺寸确定后方可进行。

4.4.4 注塑模 3D 结构设计

4.4.4.1 分型面设计

（1）内部分型面设计

根据之前的分析和技术处理后，产品内部分型面设计如图 4-4-4 所示。

（2）外部分型面设计

分型面设计在沿开模方向的最大投影面上，采用一张有界平面作为基本面，外分型面设计如图 4-4-5 所示。

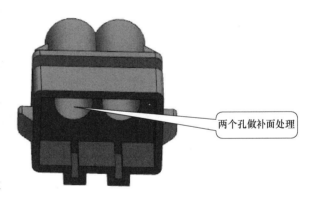

两个孔做补面处理

图 4-4-4 产品内部分型面

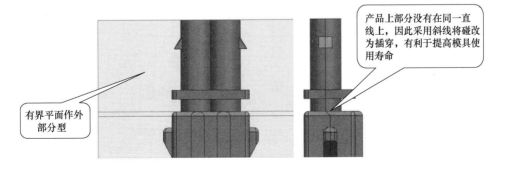

有界平面作外部分型

产品上部分没有在同一直线上，因此采用斜线将碰改为插穿，有利于提高模具使用寿命

图 4-4-5 外部分型面设计

4.4.4.2 哈夫结构成型零件设计

哈夫块结构设计如图 4-4-6 所示。

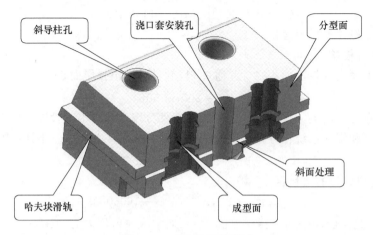

图 4-4-6 哈夫块结构设计

4.4.4.3 模架选择

　　模架选用龙记大水口模架 BI1518-55×25×70，模架的结构组成如图 4-4-7 所示，模架型号规格如图 4-4-8 所示，模架各板厚度如图 4-4-9 所示。

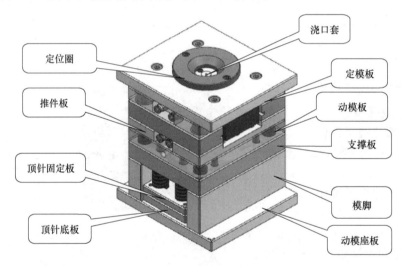

图 4-4-7 模架的结构组成

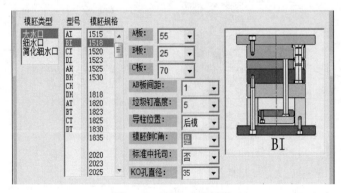

图 4-4-8 模架型号规格

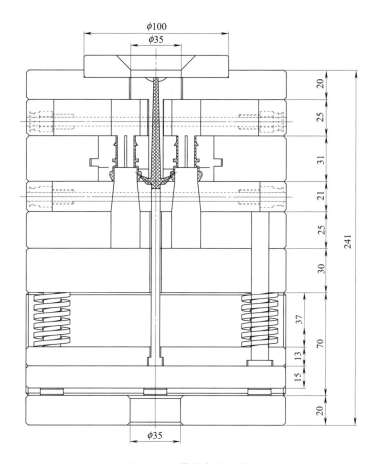

图 4-4-9　模架各板厚度

4.4.4.4　浇注系统设计

采用潜伏式浇口进胶，浇注系统 3D 效果如图 4-4-10 所示，能保证浇注平衡，填充饱满。

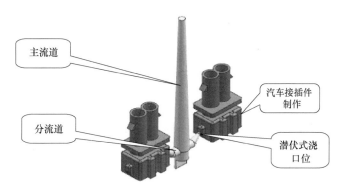

图 4-4-10　浇注系统

4.4.4.5　温控系统设计

在动模板、推件板上各设计了 2 个直通式水路，如图 4-4-11 所示，出水温差控制在 10℃内，冷却效果良好，模壁温度控制在 75～88℃。

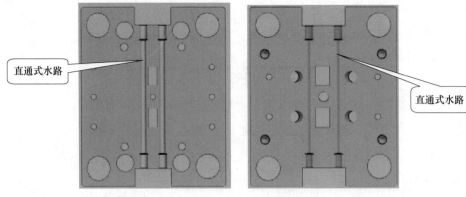

直通式水路

直通式水路

图 4-4-11 温控系统

4.4.5 主要零件加工工艺过程卡

主要零件加工工艺过程卡如表 4-4-2～表 4-4-4。

表 4-4-2 哈夫块加工工艺过程卡

单位名称	汽车接插件哈夫块加工工艺过程卡片		模具编号		审核		共 1 页	第 1 页
			零件名称	哈夫块	批准		工艺人员	
	材料	Cr12	毛坯种类	方料	毛坯尺寸	95×60×45	每件毛坯可制件数	1

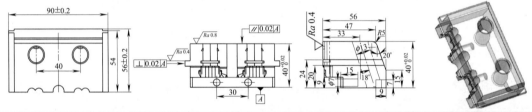

工序号	工序名称	工序内容及要求	工装及设备	检具	品质负责人	备注
1	下料	锯块料,95×60×45	锯床	200 钢尺检验		
2	热处理	将毛坯进行球化退火处理,以消除内应力,改善组织及加工性能	热处理炉	硬度计		
3	铣六面	铣各平面,上、下表面厚度单边留磨削余量 0.2～0.3mm,四周面达到尺寸要求	铣床、平口虎钳、立式铣刀	游标卡尺 0～200/0.02		
4	磨六面	磨上、下平面,两基准面至图样尺寸,磨侧基面,保证互相垂直	平面磨床、电磁盘	百分表 0～100/0.01,游标卡尺 0～200/0.02		
5	钳工	1. 划中心线 2. 打弹簧孔	钻床、平口钳,各个规格的钻头、丝锥	游标卡尺 0～200/0.02		
6	铣削	铣削成型部分,流道、倒滑部分(预留余量 0.2)。限位螺钉避空位	加工中心、精密平口钳、百分表、各尺寸立式铣刀	游标卡尺 0～200/0.02		
7	线切割	斜导柱孔	中走丝线切割机床、百分表	百分表 100/0.01,游标卡尺 0～200/0.02		
8	热处理	硬度达到 60～64HRC 以上	热处理炉	硬度计		
9	铣削	铣削成型部分,流道、倒滑部分(预留余量 0.02)	加工中心、精密平口钳、百分表、各尺寸立式铣刀	游标卡尺 0～200/0.02		
10	钳工研磨	研光各动模板孔,成型部分达到要求	磨具、磨料	内径千分尺 0～25/0.01		
11	检验	检验各尺寸精度、表面粗糙度、同轴度是否符合要求	检验台			

表 4-4-3　推件板加工工艺过程卡

单位名称	汽车接插件推板加工工艺过程卡片		模具编号		审核	共 1 页		第 1 页
			零件名称	推板	批准	工艺人员		
	材料	Cr12	毛坯种类	方板	毛坯尺寸	185×155×25	每件毛坯可制件数	1

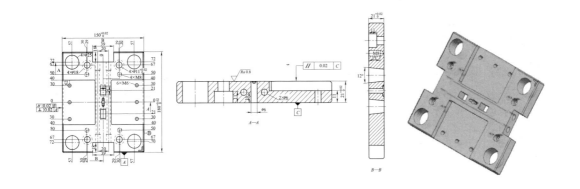

工序号	工序名称	工序内容及要求	工装及设备	检具	品质负责人	备注
1	下料	锯板料,尺寸 185×155×25	锯床	200 钢尺检验		
2	热处理	将毛坯进行球化退火处理,以消除内应力,改善组织及加工性能	热处理炉	硬度计		
3	铣六面	铣各平面,上、下表面厚度单边留磨削余量 0.2～0.3mm,四周面达到尺寸要求	铣床、平口虎钳、立式铣刀	游标卡尺 0～200/0.02		
4	磨六面	磨上、下平面,两基准面至图样尺寸,磨侧基面,保证互相垂直	平面磨床、电磁盘	百分表 50～200/0.01,游标卡尺 0～200/0.02		
5	钳工	1. 划中心线、水路孔、导柱孔、螺钉孔、镶件孔、勾料针孔 2. 在定模板上钻导柱孔、勾料针孔,镶件孔预留切割余量。攻螺纹,铰勾料针孔	钻床、平口钳,各个规格的钻头、丝锥	游标卡尺 0～200/0.02		
6	线切割推板孔	按图切割导柱孔、镶件孔,留 0.01～0.02 单边研量	线切割机、平面工作架	内径千分尺 0～25/0.01		
7	铣削	铣削滑块倒滑位,流道	数控铣床,D10、D4、D2 立式铣刀	游标卡尺 0～150/0.02		
8	热处理	硬度达到 60～64HRC 以上	热处理炉	硬度计		
9	钳工研磨	研光各配合孔达到要求	磨具、磨料	内径千分尺 0～25/0.01		
10	检验	按图样检验	检验台			

表 4-4-4　定模板加工工艺过程卡

单位名称	齿轮推板加工工艺过程卡片		模具编号		审核		共 1 页		第 1 页	
			零件名称	推板	批准		工艺人员			
	材料	Cr12	毛坯种类	方板	毛坯尺寸	185×155×30	每件毛坯可制件数		1	

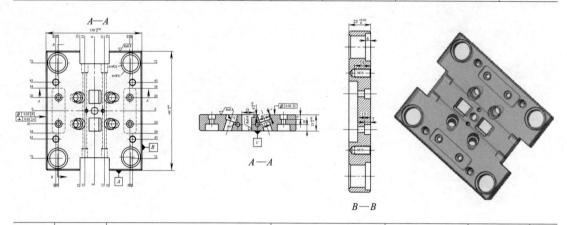

工序号	工序名称	工序内容及要求	工装及设备	检具	品质负责人	备注
1	下料	锯板料,尺寸 185×155×30	锯床	200 钢尺检验		
2	热处理	将毛坯进行球化退火处理,以消除内应力,改善组织及加工性能	热处理炉	硬度计		
3	铣六面	铣各平面,上、下表面厚度单边留磨削余量 0.2～0.3mm,四周面达到尺寸要求	铣床、平口虎钳、立式铣刀	游标卡尺 0～200/0.02		
4	磨六面	磨上、下平面,两基准面至图样尺寸,磨侧基面,保证互相垂直	平面磨床、电磁盘	百分表 50～200/0.01,游标卡尺 0～200/0.02		
5	钳工	1. 划中心线、水路孔、导柱孔、螺孔 2. 在定模板上钻导柱孔、镶件孔,预留切割余量。攻螺纹	钻床、平口钳,各个规格的钻头、丝攻	游标卡尺 0～200/0.02		
6	线切割定模孔	按图切割导柱孔、镶件孔,导柱孔留 0.01～0.02 单边研量。水嘴管接头避空位	线切割机、平面工作架	游标卡尺 0～200/0.02		
7	铣削	铣削铲机吊装位,导柱挂台孔,镶件挂台	数控铣床、各铣削刀具	游标卡尺 0～200/0.02		
8	热处理	硬度达到 60～64HRC 以上	热处理炉	硬度计		
9	钳工研磨	研光各配合孔达到要求	磨具、磨料	游标卡尺 0～200/0.02		
10	检验	按图样检验	检验台			

4.4.6　模具装配图与主要零件图

4.4.6.1　总装图

总装图如图 4-4-12 所示。

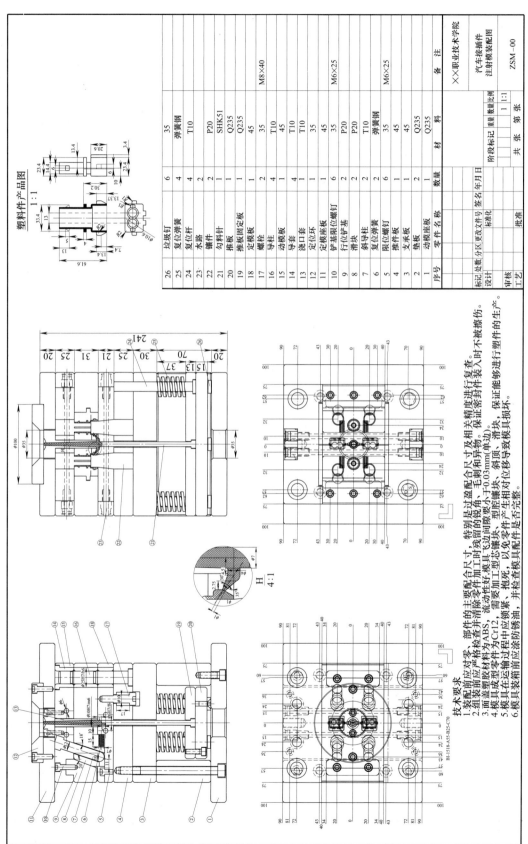

图 4-4-12 总装图

4.4.6.2 定模板零件图

定模板零件图见图 4-4-13。

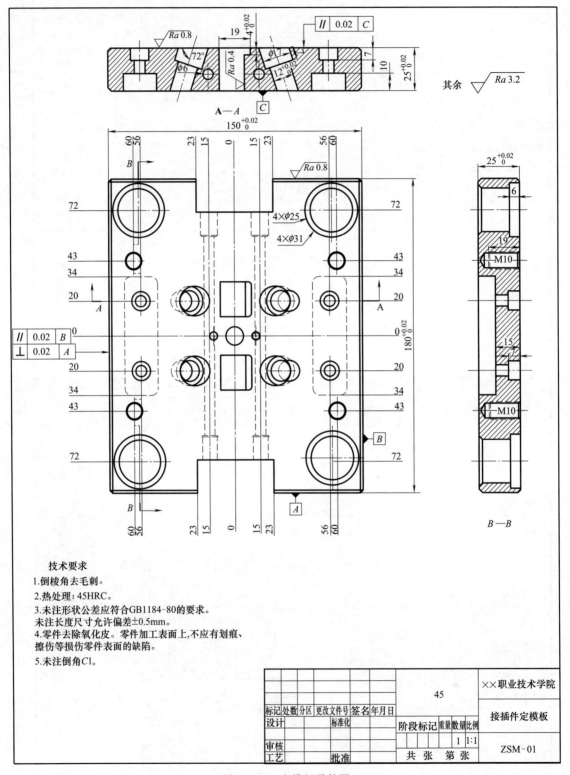

技术要求

1.倒棱角去毛刺。

2.热处理:45HRC。

3.未注形状公差应符合GB1184-80的要求。
未注长度尺寸允许偏差±0.5mm。

4.零件去除氧化皮。零件加工表面上,不应有划痕、
擦伤等损伤零件表面的缺陷。

5.未注倒角C1。

图 4-4-13　定模板零件图

4.4.6.3 推件板零件图

推件板零件图见图 4-4-14。

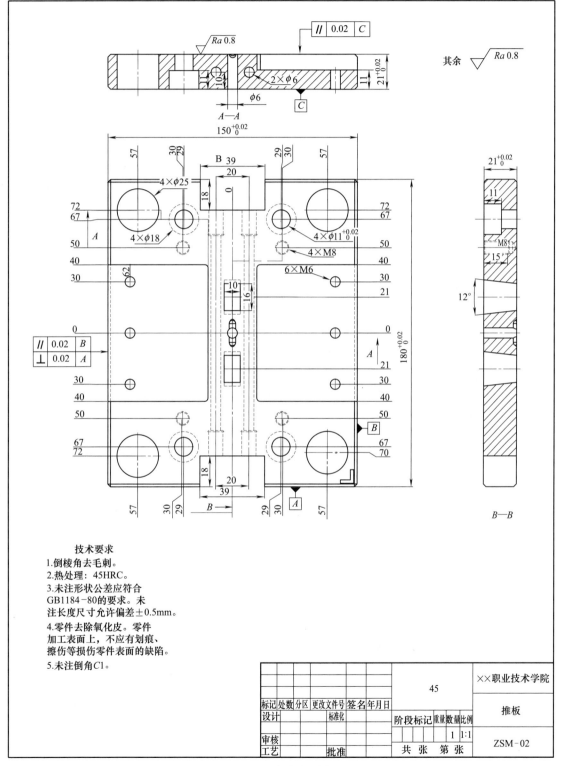

图 4-4-14 推件板零件图

4.4.6.4 哈夫块零件图

哈夫块零件图见图 4-4-15 所示。

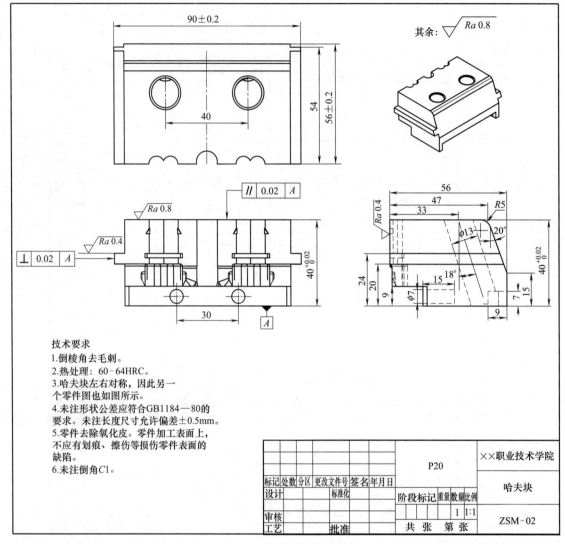

技术要求
1.倒棱角去毛刺。
2.热处理：60-64HRC。
3.哈夫块左右对称，因此另一个零件图也如图所示。
4.未注形状公差应符合GB1184—80的要求。未注长度尺寸允许偏差±0.5mm。
5.零件去除氧化皮。零件加工表面上，不应有划痕、擦伤等损伤零件表面的缺陷。
6.未注倒角C1。

图 4-4-15　哈夫块零件图

4.4.7　模具材料的选择

① 模架推荐选用材料牌号：45 钢。

② 型芯、型腔推荐选用材料牌号：P20、738/718、S136。

③ 定位圈、浇口套材料牌号：T10。

④ 拉料杆选用材料牌号：SHK51。

⑤ 滑块选用牌号：P20。

⑥ 导柱、导套选用的材料牌号：20、T10A，热处理硬度为 58～62HRC。

⑦ 螺钉：35（热处理硬度为 43～48HRC）。销钉：45（热处理硬度为 43～48HRC）、T7（热处理硬度为 52～54HRC）。

本设计中零件选择的具体的材料见总图的明细栏。

实 训 题 库

1. 塑件材料：ABS，尺寸精度 MT5。

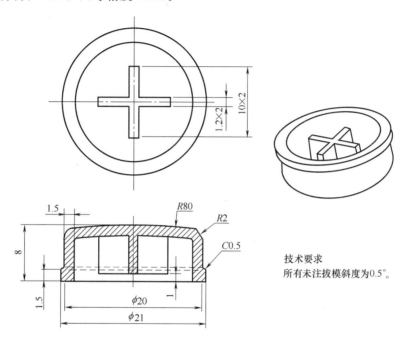

技术要求
所有未注拔模斜度为0.5°。

2. 塑件材料：PP，尺寸精度 MT7。

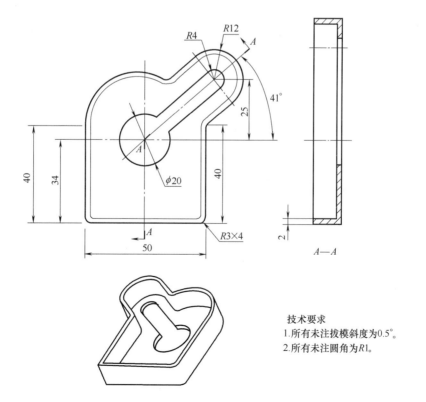

技术要求
1.所有未注拔模斜度为0.5°。
2.所有未注圆角为R1。

3. 塑件材料：HDPE，尺寸精度 MT7。

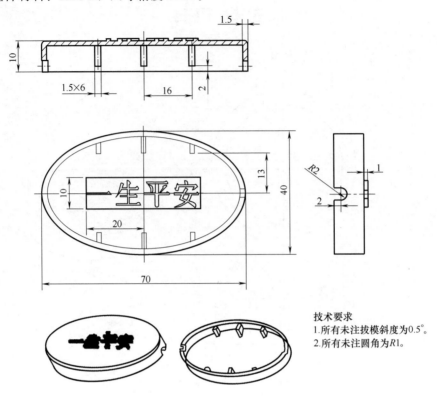

技术要求
1. 所有未注拔模斜度为0.5°。
2. 所有未注圆角为$R1$。

4. 塑件材料：PS，尺寸精度 MT5。

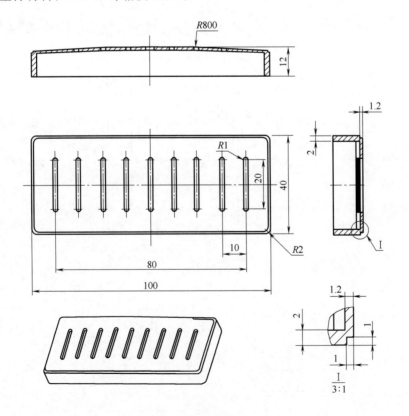

5. 塑件材料：PP，尺寸精度 MT5。

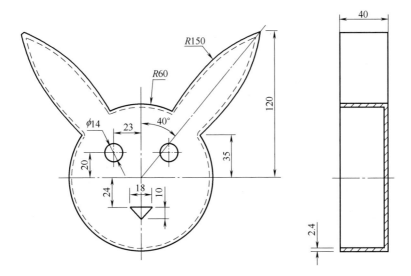

技术要求
1.所有未注拔模斜度为1°。
2.所有未注圆角为*R*2。

6. 塑件材料：PC，尺寸精度 MT5。

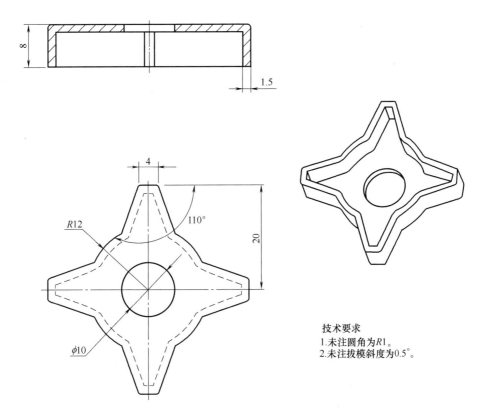

技术要求
1.未注圆角为*R*1。
2.未注拔模斜度为0.5°。

7. 塑件材料：PP，尺寸精度 MT5。

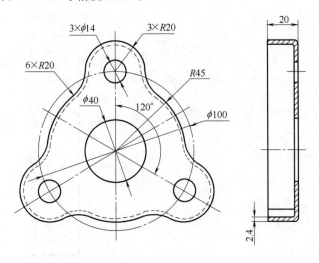

技术要求
1.所有未注拔模斜度为1°。
2.所有未注圆角为R2。

8. 塑件材料：PS，尺寸精度 MT5。

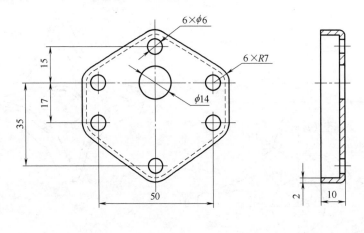

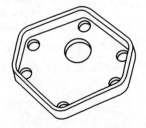

技术要求
1.所有未注拔模斜度为1°。
2.所有未注圆角为R2。

9. 塑件材料：ABS，尺寸精度 MT5。

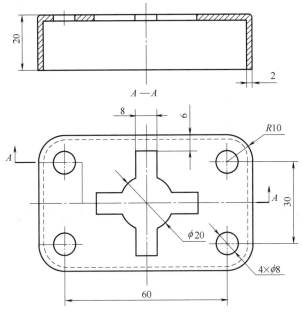

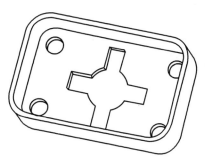

A—A

技术要求
1.所有未注拔模斜度为1°。
2.所有未注圆角为R1。

10. 塑件材料：ABS，尺寸精度 MT7。

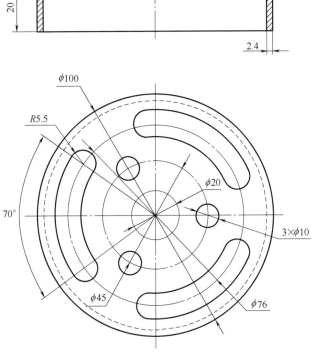

技术要求
1.所有未注拔模斜度为1°。
2.所有未注圆角为R1。

附录

附表1 "HTF 系列 A 型螺杆注塑机的规格型号及主要技术参数

注射机型号	螺孔直径 /mm	射出量 /g	射出速度 /(mm/s)	射出压力 /MPa	锁模力 /kN	锁模行程 /mm	拉杆内间距 /mm	最大板厚 /mm	最小板厚 /mm
HTF58A	26	60	144.5	245	580	270	310×310	320	120
HTF86A	34	119	104	206	860	310	860×360	360	150
HTF120A	36	157	121	197	1200	350	410×410	430	150
HTF160A	40	230	123.7	202	1600	420	455×455	500	180
HTF200A	45	304	125.5	210	2000	470	510×510	510	200
HTF250A	50	402	124	205	2500	540	570×570	570	220
HTF300A	60	662	238	213	3000	600	600×600	660	250
HTF360A	65	972	332.1	208	3600	660	710×710	710	250
HTF450A	70	1296	352	204	4500	740	780×780	780	330
HTF530A	75	1592	394	205	5300	820	820×820	820	350
HTF650A	80	1853	428	224	6500	900	895×895	900	400
HTF780A	90	2547	542	228	7800	980	980×980	980	400
HTF1000A	100	3431	660	211	10000	1100	1090×1090	1100	500
HTF1250A	110	4757	793	205	12500	1250	1250×1250	1250	550
HTF1400A	120	5660	944	172	14000	1450	1450×1450	1400	700
HTF1600A	130	7114	1048	164	16000	1520	1500×1250	1400	700
HTF1800A	130	7114	1048	164	18000	1560	1600×1450	1600	750
HTF2000A	140	8812	1148	163	20000	1560	1650×1500	1560	780
HTF2400A	150	10115	1252	142	24000	1700	1800×1700	1800	800
HTF2800A	170	17557	1779	161	28000	2000	1900×1750	1900	1000
HTF3600B	240	51460	2450	158	36000	2250	2200×2200	2100	1100

附表 2　GB/T 12555—2006《塑料注射模模架》标准的基本型模架

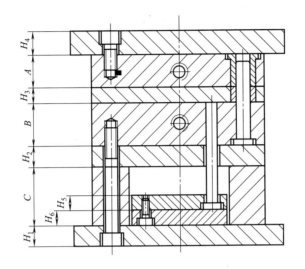

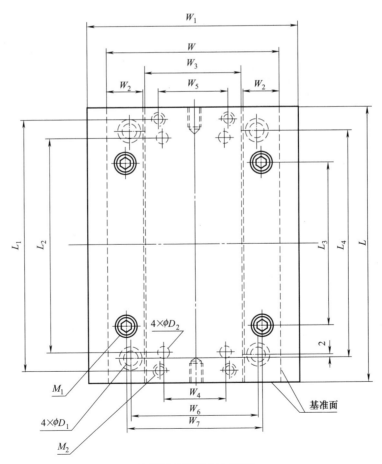

(a) 直浇口模架组合尺寸图示

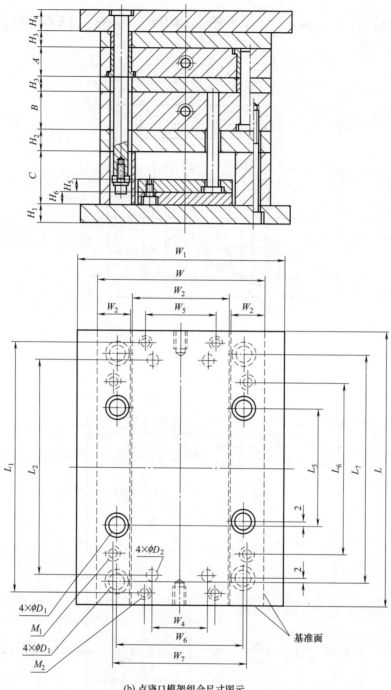

(b) 点浇口模架组合尺寸图示

代号	系列										
	1515	1518	1520	1523	1525	1818	1820	1823	1825	1830	1835
W	150					180					
L	150	180	200	230	250	180	200	230	250	300	350
W_1	200					230					
W_2	28					33					
W_3	90					110					
A、B	20、25、30、35、40、45、50、55、60、70、80					20、25、30、35、40、45、50、55、60、70、80					
C	50、60、70					60、70、80					
H_1	20					20					
H_2	30					30					
H_3	20					20					
H_4	25					30					
H_5	13					15					
H_6	15					20					
W_4	48					68					
W_5	72					90					
W_6	114					134					
W_7	120					145					
L_1	132	162	182	212	232	160	180	210	230	280	330
L_2	114	144	164	194	214	138	158	188	208	258	308
L_3	56	86	106	136	156	64	84	114	124	174	224
L_4	114	144	164	194	214	134	154	184	204	254	304
L_5	—	52	72	102	122	—	46	76	96	146	196
L_6	—	96	116	146	166	—	98	128	148	198	248
L_7	—	144	164	194	214	—	154	184	204	254	304
D_1	16					20					
D_2	12					12					
M_1	4×M10					4×M12				6×M12	
M_2	4×M6					4×M8					

代号	系列										
	2020	2023	2025	2030	2035	2040	2323	2325	2327	2330	2335	2340
W	200						230					
L	200	230	250	300	350	400	230	250	270	300	350	400
W_1	250						280					
W_2	38						43					
W_3	120						140					
A、B	25、30、35、40、45、50、60、70、80、90、100						25、30、35、40、45、50、60、70、80、90、100					
C	60、70、80						70、80、90					
H_1	25						25					
H_2	30						35					
H_3	20						20					
H_4	30						30					
H_5	15						15					
H_6	20						20					
W_4	84	80					106					
W_5	100						120					
W_6	154						184					
W_7	160						185					
L_1	180	210	230	280	330	380	210	230	250	280	330	380
L_2	150	180	200	250	300	350	180	200	220	250	300	350
L_3	80	110	130	180	230	280	106	126	144	174	224	274

续表

代号	2020	2023	2025	2030	2035	2040	2323	2325	2327	2330	2335	2340
	系列											
L_4	154	184	204	254	304	354	184	204	224	254	304	354
L_5	46	76	96	146	196	246	74	94	112	142	192	242
L_6	98	128	148	198	248	298	128	148	166	196	246	296
L_7	154	184	204	254	304	354	184	204	224	254	304	354
D_1	20						20					
D_2	12	15					15					
M_1	4×M12			6×M12			4×M12		4×M14		6×M14	
M_2	4×M8						4×M8					

代号	2525	2527	2530	2535	2540	2545	2550	2727	2730	2735	2740	2745	2750
	系列												
W	250							270					
L	250	270	300	350	400	450	500	270	300	350	400	450	500
W_1	300							320					
W_2	48							53					
W_3	150							160					
A、B	30、35、40、45、50、60、70、80、90、100、110、120							30、35、40、45、50、60、70、80、90、100、110、120					
C	70、80、90							70、80、90					
H_1	25							25					
H_2	35							40					
H_3	25							25					
H_4	35							35					
H_5	15							15					
H_6	20							20					
W_4	110							110					
W_5	130							136					
W_6	194							214					
W_7	200							215					
L_1	230	250	280	330	380	430	480	246	276	326	376	426	476
L_2	200	220	250	298	348	398	448	210	240	290	340	390	440
L_3	108	124	154	204	254	304	354	124	154	204	254	304	354
L_4	194	214	244	294	344	394	444	214	244	294	344	394	444
L_5	70	90	120	170	220	270	320	90	120	170	220	270	320
L_6	130	150	180	230	280	330	380	150	180	230	280	330	380
L_7	194	214	244	294	344	394	444	214	244	294	344	394	444
D_1	25							25					
D_2	15			20				20					
M_1	4×M14			6×M14				4×M14			6×M14		
M_2	4×M8							4×M10					

参 考 文 献

[1] 孙玲. 塑料成型工艺与模具设计学习指导. 北京：北京理工大学出版社，2008.

[2] 齐卫东. 简明塑料模具设计手册. 北京：北京理工大学出版社，2008.

[3] 杨占饶. 塑料模具标准件及设计应用手册. 北京：化学工业出版社，2008.

[4] 阎亚林. 塑料模具图册. 北京：高等教育出版社，2009.

[5] 刘彦国. 塑料成型工艺与模具设计. 北京：人民邮电出版社，2014.

[6] 褚建忠等. 塑料模具设计基础及项目实践. 杭州：浙江大学出版社，2015.